今晚，台北覓食

小酒館·居酒屋·創意台菜·歐陸美饌·佐餐美景…
下班後的暖心滋味

下班後的小確幸

大樓帷幕外光線漸暗，取代和煦日光的是熠熠華燈，窗外車聲喧囂漸響，而後交通警察的哨音加入戰局，聽來竟異常痛快，因為這代表下班時間真的到了。

在忙碌苦悶的日常生活中，我們總能從中找出一絲絲小確幸，不論是呼朋引伴吆喝著會議結束後要去哪裡好好乾一杯，或者是覓得一處只想自己收藏在心頭的深夜食堂，都讓下班後的尋常日子也能不那麼尋常。

有時候是朋友真情推薦的必嚐美食，有時候是路上偶遇只為某個角落著迷的小餐館，更多時候是迷失在網路海裡，怨嘆著想找到一家「對的餐廳」怎麼這麼難……即便如此，每一次為了下班後或聚餐或約會甚或想獨處的覓食過程，都讓心情提前雀躍，若是能找到一間符合當下用餐情緒的餐廳，從空間設計到精緻美味的料理，每一個細節都隱藏著驚喜，更彷彿一整天的辛勤終於畫下完美的句點。一間好的餐廳，處處都能夠牽動用餐人的情緒，在繁忙城市裡汲汲營營的都會男女，似乎更有理由放任自己在餐桌上享樂。

這一次我們特別蒐羅台北市最迷人感心的用餐空間，有的是主廚用盡巧思創作的創意台菜或歐陸美饌；有的最適合在涼意襲人的夜晚，圍坐爐邊，大啖冒著白煙的暖呼呼料理；還有的是夜晚限定的小酒館或居酒屋，不論今天是喜是怒，不妨點幾道精緻下酒小菜，先乾一杯再說吧；或者，更不妨稍稍遠離市區，造訪那坐擁都市燈火餘暉的小餐館，以美景佐餐讓心靈更滿足了。最後還整理了一份這些餐館的捷運站路線索引編目，隨時隨地都能找到那處符合自己需求的餐廳。

步出辦公大樓，呼吸著城市夜晚微涼的氣息，屬於上班族那微小而確實的幸福，才正要開始。

【目錄】

沉浸在隨意、舒活的空間，細細吟味美酒好菜，
就讓今日的喜怒哀樂一飲而盡。

好吃的食物一入口，
嘴角總能不自覺泛著笑。

TOILET

好不容易覓得巷弄中的私房小館，
就用最奢侈的閒情逸致，
痛痛快快享受這場美味盛宴。

part 1

今晚，台北覓食
邀月亮喝杯酒

或許是犒賞自己努力工作後遲來的簡單晚餐，
或許是與好友相聚後的再續攤，
尋覓來到小酒館或居酒屋，就先乾一杯小酒吧。

THE HAKUSHU
白州
THE HAKUSHU
白州
THE YAMAZAKI
山崎
THE YAMAZAKI
山崎
余市
宮城峡
宮城峡
紅一粋
紅一粋

職人慢焙燒鳥 鳥哲 燒物專門店

至日本習藝的料理長蕭哲文，以專注於料理的熱情，發揮精湛手藝，烘烤出令人驚豔的雞肉串燒。這份讓人難以抵抗的美味魔力，在一間名為「鳥哲燒物專門店」的日式串燒店中，無時無刻感染著人們。

text 謝沅真 photo 張晉瑞

難以想像在喧囂的台北城市中，竟有一處靜謐高雅的用餐空間，讓人在下班之後，得以品嚐用木炭慢火烘烤的串燒，小酌幾杯美酒，享受在深夜最有溫度的美味時光。

九五〇度的熱情態度

這一間坐落於天母巷弄中的「鳥哲燒物專門店」，以內斂雅致的白木吧檯，打造出融合壽司吧和串烤精神的高質感日式串燒店。來到這裡的每一位客人，都能在高規格設備的用餐環境中，享用精緻誘人的串燒料理。

使用備長炭，炭火加熱至九五〇度，是烤出最

廚師用精準手藝，烘烤美味串燒。

以加熱至950度的備長炭，烤出最誘人的串燒料理。

各式不同雞肉部位的串烤與雞胸一夜干，食材選用來自台灣名為「桂丁雞」的純種土雞。

美味串燒的溫度。鳥哲秉持著如同備長炭般的熱情溫度，用心對待每一道料理，讓人們感受到他們對產地食材的用心以及專注於料理的態度。

鳥哲是一間以雞肉為主的燒物專門店，為了追求完美的雞肉品質，選用來自台灣第一優生育種名為「桂丁雞」的純種土雞，以自然熟成為理念，放牧山林之間，採取健康食材飼養，才能培育出最天然健康的土雞。精挑細選出桂丁雞的稀少部位後，廚師們再依照各部位的特性去研發出數十種的串燒料理。

這份對雞肉料理的執著與熱忱，從店名就可略知一二。談起店名的由來，料理長哲文表示，「鳥」在日文裡就是雞肉的意思，哲就是取自於料理長的姓名蕭哲文的「哲」字來命名，傳達此間店以雞肉料理為主的核心理念。

絕無僅有的美味

在鳥哲，除了以專精的雞肉串烤為主以外，也提供多樣化的季節性料理，採用日本米其林一星的規格去製作，呈現高質感的料理風格。

隱身在台北城中，靜謐高雅的用餐空間。

上／牆上鑲著以日文書寫的木片菜單，更添日式居酒屋氣氛。下／以雞肉料理為主，並提供多種清酒酒款。

鮮嫩多汁的牛肉捲無花果，視覺配色令人食指大動。

無花果雞肉沙拉，鮮美滋味讓人回味無窮。

栗子與秋菇雞肉飯糰，即便冷了才食用，依然有著讓人驚豔的美妙滋味。

冷製柿子雞里肌肉，蘊含季節詩意。

右／店內一隅。左／有多款清酒能佐配美味菜餚。

季節限定套餐內的菜色包含無花果雞肉沙拉、栗子與秋菇雞肉飯糰、烤秋菇、冷製柿子雞里肌肉、牛肉捲無花果等。淡粉色的牛肉片包覆著無花果，視覺配色令人食指大動，感受到無花果盛產的季節已經到來；入口後，鮮嫩的牛肉片交疊著無花果新鮮多汁的口感，一軟一嫩的口感相互呼應，讓人完美體驗到水果與牛肉交織而成的美味戀曲。

經由廚師們純手工捏製的飯糰嚐起來更是令人驚豔，即便我們食用的時候，飯糰已經些許涼掉，本來還擔心風味上會沒有熱熱吃時那麼可口，但一咬下口後，心中大石完全放下，迎來的是帶著彈牙口感的米飯伴隨雞肉與秋菇的香氣，令人想豎起拇指叫好，一份被美食撼動的激昂不斷在心中繚繞。

最後當然也不忘品嚐鳥哲招牌的雞肉串烤料理，最令人印象深刻的「山葵里肌肉」，以七分熟的方式烹調，裡頭還是生肉的粉嫩色，配上山葵香而不辣的風味，嚐起來鮮嫩可口、多汁香甜，這份獨特的美味，實在讓人難忘。更別提鳥哲中還有一系列的串烤料理，像是鹽烤雞翅膀、小手羽、雞頸肉等等，皆等待著人們去發掘其中的美妙滋味。

在鳥哲燒物專門店中，雞肉料理發揮到如此淋漓盡致的境界，這份帶人走向味覺新世界的料理美學，實在令人讚歎不絕。

鳥哲燒物專門店
add 台北市士林區福華路128巷12號
tel 02-2831-0166
time 18:00~00:00
price 每人低消700元，鳥哲套餐1,500元。
FB 鳥哲 燒物專門店

上／隱身巷弄的鳥哲燒物專門店。下／內斂雅致的吧檯，更襯托都會大人味。

料理長尾形正匡，為饗客火烤美味牛排。

當牛排遇上居酒屋 KP牛排小酒館

從門外看進，溫潤燈光照耀在桌椅上，為夜晚帶來些許暖意。木框門後垂掛著復古吊燈及華麗畫框，彷彿跨越時空來到浪漫溫馨的歐洲城市，在這喝幾杯美酒，沉醉在深夜與好友相聚的微醺時光。

text 謝沅真 photo 呂剛帆

提到「乾杯」餐廳，許多人第一個想到的多半是燒肉居酒屋，這次來到的KP牛排小酒館，正是想突破一般人對乾杯的印象，挑戰新型態的用餐概念。

近年來，台灣小酒館盛行，在日本則是十分流行「肉BAR」的用餐形式，特點為大口吃好肉，品嚐各式美味肉料理，並沉浸在時尚的用餐氛圍。KP牛排小酒館以日本流行的「肉BAR」為概念，結合「牛排館」與「小酒館」的用餐型態，取名為KP是Kanpai Progress的意思，不僅有乾杯（Kanpai）的意味，更有進化（Kanpai）的意涵在內。

來到這裡，就要大口嚐好肉、配美酒。

飲　酒　過　量　有　害　健　康

澳洲和牛在爐上火烤，散發益加誘人的姿態。

馬賽風味海鮮濃湯（附燉飯），讓人胃口大開。

採用木製家具打造歐風居酒屋的概念，創造出不同的飲食文化生活，讓人們可以大啖牛排之餘，又能以輕鬆愜意的姿態喝杯小酒。

牛排與醬料的堅持

以牛排料理為主的KP牛排小酒館，堅持使用冷藏熟成的澳洲和牛，必須透過經驗豐富的職人手工切肉，像是市面罕見的橫膈膜、羽下、板腱等稀少部位的牛排，皆能夠在KP牛排小酒館享用到。

此外，更請到曾任職於多家東京著名的法國料理，也擔任過六本木熟成和牛專門的法國料理餐廳主廚尾形正匡為小酒館的料理長，在這位小酒館靈魂人物精湛的手藝下，為特殊部位牛排研發出獨特醬料，讓人們不僅能品嚐到這些牛排鮮美的原味外，亦能透過佐料提味，品嚐不同層次的味覺體驗。

優惠暢飲美酒

為了營造溫暖歡樂的用餐氣氛，讓人們能輕鬆

上／氣氛輕鬆歡餘的歐風居酒屋，下班後來這裡飲酒吃肉，十分愜意。中／下酒小點：油漬杏鮑菇、巴芙蘿雞翅、蕃茄章魚。下／酥炸牛舌燉飯球。

KP牛排小酒館
add 台北市大安區敦化南路一段169巷5號
tel 02-2751-2261
time 週一至週五17:00~02:00，週六至週日12:00~02:00。
price 平均消費約700元以上
web www.kpsteak.tw

飲酒過量有害健康

上／晚上九點後入內用餐，只要五百元就可以單杯無限暢飲各式酒品。下／自家製松葉蟹鹹派。

地吃吃喝喝與朋友歡聚，KP牛排小酒館在價格設定上也走親民路線，不用花上大把鈔票，也能輕易地享受到高品質的牛排與美酒。每日晚上九點後進入KP牛排小酒館內消費，只要五百元就可以單杯無限暢飲紅白葡萄酒、啤酒、梅酒、燒酒和各式調酒，在大安區打著燈籠也找不到如此優惠的價格。

來到KP牛排小酒館每個人都能開心暢飲，享受與朋友歡聚的時光，在這一肉一酒之間品嚐美味，天堂也不過如此。

與純米吟釀的清涼對話 Senn先酒肴

暮色漸沉，敦南林蔭大道上，
車潮化作流星般的光影，
為車水馬龍的都會夜色寫下些許詩意。

text 李芷姍 photo 張晉瑞

面對敦化南路的二樓空間，Senn 先酒肴沉靜凝視著台北都會最繁華的角落，古董音箱輕柔地流洩爵士樂曲，這是屬於成人的時間，熟客在幽靜雅致的空間中啜飲清酒，品味當代日式酒肴，將繁瑣思緒沉澱。

品味空間話清酒

Senn 先酒肴是台北少見的清酒吧，除了可樂和咖啡，所有飲品包括清酒、啤酒均來自日本。事實上搬回台灣的不只原裝好酒美食，連氣氛都像極了代官山的時尚酒吧，是屬於成熟大人的社交場所。

師傅在吧檯前料理餐點，像極了代官山時尚酒吧的氣氛。

冷前菜蟹肉芙蓉，結合蛋豆腐與鱈場蟹。

愛好清酒、音樂和美食，是先酒肴經營團隊的共通興趣，老闆們獨家代理日本岩手縣清酒，設計料理與清酒搭配，就如同品飲葡萄酒一樣，以舌尖感受刻印在日本土地上的深刻文化。

日本全國有上千家酒造，使用的米種、精米度、用水、酒麴等，都是影響味覺表現的關鍵。我不禁好奇，這澄澈如水的酒該如何品鑑？「就和葡萄酒一樣，聞其香、觀其色、嚐其味。」老闆孔德先說：「酸味、甘味與辛辣的味覺平衡，讓每支清酒呈現不同個性。」

好酒搭配的舌尖美味

他接著拿出大大小小不同的酒杯，首先把酒倒入鬱金香杯中，酒香凝聚在縮口杯緣，使味覺更

純米吟釀適合冰涼飲用，感受清冽酒感與米香，佐以鮮美的生魚片，美味更加乘。

鐵板鹽蔥牛小排與五花肉，香嫩油潤，衝擊味蕾。

這裡也有蘊含山海珍味的八寸前菜。

面對敦南大道，屬於大人的雅致空間。

古董音箱輕柔地流洩爵士樂曲，這是屬於成人的時間。

Senn先酒肴
add 台北市大安區敦化南路一段163號2樓
tel 02-2775-5090
time 18:00~01:00，週五、週六18:00~02:00，週日公休。
price 先套餐1,000元，酒套餐1,500元起，三杯清酒品飲組合540元。
FB Senn先酒肴

加豐富立體。「現在喝喝看倒在玻璃杯中的。」他說。奇異的是，這會兒清酒的辛辣味更加突出了。「這是因為杯口較寬厚，讓你喝得比較大口的緣故。」他笑說。而當酒換到了竹杯，甜味卻又浮出表面，種種變化著實饒富興味。

廚師在無邊際長吧檯中現場調理，粉嫩生魚片化為盤中藝術。「好酒就是要配得好菜。」孔德先說。鮮美生魚片配合沁涼的冰鎮吟釀滑入喉間，加乘的美味衝擊著味蕾。牛小排與牛舌緊接著上桌，將油花均勻的牛小排放在燒燙的鐵板上，油脂香氣「滋」地竄出，此時來杯辛口清酒，真是再完美不過了。

因為精釀，所以迷人 啜飲室

從歐美到日本，精釀啤酒正掀起一股原味覺醒的新潮流。啜飲室將現下熱門的精釀酒吧帶來台灣，二十種世界嚴選生啤，加上數十款罐裝啤酒，引領顧客走入精釀的美麗新世界。

text 李芷姍 photo 李文欽

漫長的原木吧檯旁，都會男女三五成群，在微醺中醞釀輕鬆愉悅的氣氛。以長桌打破空間隔閡，台灣藝術家的畫作取代電視螢幕，啜飲室顛覆啤酒吧的傳統印象，賦予啤酒時尚雅致的新形象。

暢飲世界生啤

「好的啤酒就是要仔細品味享受，拿來乾杯就太浪費了。」老闆之一的Duck說道。講究天然原味的精釀啤酒，隨著時間會散發獨特的前、中、後段風味，必須如店名慢慢「啜飲」，方能體會麥芽、酵母與啤酒花交織而成的箇中滋味。

吧檯前亮晃晃的生啤拉把一字排開，英國、紐西蘭、日本、德國等地生啤鮮運來台，喝過一輪等於環遊世界。為保持新鮮感，店裡的啤酒隨時更動，不過一定會有約三款台灣精釀啤酒，保留本土在地風味。

拉把往下壓，清透啤酒伴隨著綿密泡沫注入杯裡，在啜飲室啤酒以白蘭地杯飲用，讓天然香氣留駐更長時間。泡沫在舌尖跳著小步舞曲，沁涼

負責人Duke將品飲啤酒的概念帶入台灣。

各國精釀生啤搶鮮飲用，店內並會隨時更換品項。

啤酒以白蘭地杯盛裝，可以凝聚啤酒香氣。

啤酒入喉，第一反應是順口，緊接著酒體個性隨之浮現，艾爾啤酒的果仁和水果香，拉格啤酒的麥芽甘甜，小麥啤酒的清新酸度，在口中留下迷人的餘韻。「啤酒就像是瑞士刀，可以產生各種變化。」Duck 說，不同種類的啤酒製程，再加上各釀酒師的配方比例，創造出千變萬化的精釀風采。

嘗試獨特口味

初次踏入精釀啤酒的世界難免徬徨，此時可以交由擁有品酒執照的店員推薦。像是 Mikkeller Amass West Coast Style IPA，馥郁的百香果與柑橘味，得到女性一致好評。

第二杯以後不妨嘗試幾款獨特口味，像是有苦甜巧克力尾韻的 Tuatara London Porter，以波本威士忌酒桶熟成的 Kentucky Bourbon Barrel Ale 等。

當然，依照 Duck 觀點，好啤酒還需好友來伴，與朋友分享美味啤酒與生活，並透過長桌認識新朋友，就是最美好的品飲經驗了。

右／台灣藝術家的畫作裝飾牆面，賦予啤酒時尚雅致的新形象。左／都會男女三五成群，在微醺中醞釀輕鬆愉悅的氣氛。

嗫飲室
add 台北市大安區
復興南路一段107巷5弄14號
tel 02-8773-9001
time 週一至週四及週日17:00~23:00，
週五、六17:00~00:00。
price 單杯啤酒150元起
FB 嗫飲室

刻意減少座椅，以長桌營造不一樣的空間感，降低顧客間的隔閡。

右／老闆特別找來與啤酒合搭的配酒滷味。左／毛豆特別以TOKYO BLACK啤酒醃製，有著清爽麥香。

法式DELI香頌夜 咬學問 Biteology

悠緩的香頌傳入耳際，木框門後，是典雅的紅色絨毯，
以及彷彿經過歲月洗禮的白色大理石桌與古典吊燈。
只是經過店門口，便彷彿跨越時空來到歐洲的城市街頭，
而推開門看到這麼復古情調的店內，
讓我不由自主地說服自己，
此刻正置身於巴黎的懷舊小酒館中。

text 李芷姍　photo 周治平

西西里傳統開胃菜潘特斯卡沙拉，南歐的熱情氣息，與氣泡白酒組成完美搭配。

彷彿置身法國的優雅小酒館。

多種冷熱美食讓顧客直接從餐檯點菜，所有料理都在餐檯上一目瞭然。

火腿拼盤有四種起司與火腿，風味從清淡到濃烈做排列。

Biteology 曾經是一間設計事務所，喜愛美食美酒的老闆把門口庭院設計為半露天廚房，沒事就和員工與朋友們自炊自飲。隨著私人小酒會的成員日益增加，一個新奇的想法浮現心頭：不如，就來開一家餐廳吧。就這樣，Biteology 在酒友的不務正業中誕生，從午間外賣餐盒出發，發展成現在眼前典雅的餐酒館。

下酒菜也有學問

「我們想要營造的，是一間氣氛輕鬆，可以和三五朋友聊天小酌、品嚐美味餐點的場所。」George 說。Biteology 沒有菜單，因為所有料理都在餐檯上一目瞭然，歐洲流行的熟食店 Deli 形式，想吃多少就吃多少，可以外帶或內用，一切輕鬆無壓力。

Biteology 中文名為「咬學問」，我胡亂猜想著它意指每口餐點都有學問。

右／大廚在現場料理餐點。左／在台北街頭，享受宛如歐風鄉野的私人小酒會。

主廚 George 十分講究食材品質，連橄欖油也要進口最好的，餐點包括三到四種冷菜，六款常溫菜，三種主菜，以及當日甜點等，種類不多，但是樣樣用心，加上每週更動，隨時來都能嚐到新菜色。

優惠品飲紅白酒

西西里傳統開胃菜潘特斯卡沙拉，以醃漬紅洋蔥為洋芋提味，小蕃茄、酸豆和橄欖帶來南歐的熱情氣息，和氣泡白酒組成完美搭配。

啤酒燉豬肉將梅花肉與啤酒、香料醃超過三小時，接著連同醃汁一起煮到肉質軟嫩多汁，與甜桃泥創造苦甜回甘的味道，最後加入的酸脆青蘋果和西洋芹更是神來之筆！

義大利紅白美酒一杯只要百元起，如此優惠價格，就是要讓來 Biteology 的顧客可以開心暢飲，和朋友共享相聚一刻，美好的幸福就在這一酒一菜之間。

上／角落透露出主人的風格品味。中／隨時來，都能品嚐餐檯上的義式新菜色。下／店內的紅色地毯風格很巴黎。

咬學問 Biteology
add 台北市敦化南路二段172巷8弄9號
tel 02-2732-8887
time 週一至週六12:00~14:00，18:00~21:00。
price 平均消費約500元
FB Biteology

以風味濃郁的歐陸鄉土菜佐美酒。

環繞著晶瑩碎冰的經典調酒Peach Brandy Julep，蜜桃滋味輕佻、薄荷酣快。

下班後，與自己來一杯 窩台北 WooTaipei

其實麻醉不必然是墮落，道德需要理由，喜好不用，一切只是下班後的釋放，為了把心神從慘白水銀燈下的辦公室召喚回真實生活，如此罷了。

text 廖弘欣 photo 周治平

來到窩台北 WooTaipei 這個調酒愛好者的巢穴，無論是調酒門外漢、熟門熟路的玩酒客，還是執拗的酒精基本教義派，甚至只是想要找一個地方窩著，又不甘心只是在茶裡來咖啡裡去的人，在這裡都可以找到屬於自己的滋味與定義。調酒所蘊含自由與奔放的滋味，是調製它的人的獨特語彙。

調酒的自由語彙

就像組成窩台北空間的精神：以美國二、三〇年代的禁酒令為靈感之始，拼貼時代象徵，歐陸酒館 ART DECO 風格的空間裡，各種樣式、年

自各處蒐羅而來的老骨頭，拼貼出私屬摩登時代。

代的古董椅擺起陣仗，表述各自態度，管線、裸牆、各種蒸氣男孩的時代遺骸，在不修邊幅的工業風裡搖擺。在那個惡名昭彰的年代，人性的慾望卻在時代的壓抑下如石下野草迸發更旺盛的生命力，關不住的自由精神一路闖關，輻射出各種真實態度。

從滋味到空間皆以自由為語彙，是因為正聚集了這樣一群人：窩台北原本是老闆 Ivan 工作室的另一半，原本在墾丁做個逐浪客的 Ivan 回到台北，也想要一個可以喝咖啡喝酒、朋友來了有地方打屁放鬆的角落，所以開了窩台北。

二〇一三年才重新打通並且改裝，由 Ivan 與店長小T做空間發想與設計，原本是要打造墾丁旅

戶外一角，滿眼綠意。

右／黑板上寫著基本資訊，和有趣小標語。左／以老舊小物拼貼佈置的空間。

宿而四處蒐羅的骨董什物，則率先在窩台北粉墨登場。至於窩台北的核心——調酒師，除了曾獲二〇一一年 World Class 世界頂尖調酒師大賽的店長小T外，還有兩位資深調酒師等調酒師群，每日挑逗酒客的味蕾或與其作對。

果香、花香與草本氣息

喝 Grace & Wild 不需要多想，就是享受南美熱情豐美的晚風。以甘蔗酒與蘋果白蘭地為基酒，調和桃子果泥與新鮮萊姆汁，並以杏仁糖露與杏桃白蘭地增添香甜。輕啜一口，首先清爽的萊姆酸香便勾引出杏桃充滿濕潤氣息的香甜，爾後蘋果與甘蔗這一耽美一迷濛的果蜜滋味，伴隨著蒸餾酒的辛辣衝擊著鼻根，最後在微微的苦味與酸味中，飽滿欲墜的果實滋味如滿潮，留待嘉年華後的午夜疲憊與滿足。

水果或花香基調總是安全而討喜的。為向晚餘暉華麗開場，Lavender Cocktail 以 Hendrick's 亨利爵士琴酒的濃烈杜松子氣味為基酒，保加利亞玫瑰嬌媚的幽香以及大黃瓜清爽的瓜果香隨著

上／Lavender Cocktail，啜飲來自薰衣草與玫瑰田的晚香。下／隱藏版特調，星火香氣足以燎原。

下方是避風塘炒子排，上方則為蒜味蘑菇台灣啤酒蝦，有些台味的餐點更是下酒。

上／找一個地方窩著，品嚐調酒自由與奔放的滋味。下／獨享窩台北空間，與自己來一杯。

調酒就是要來一場辛香小實驗。

酒氣沁入心脾感官，白葡萄酒與鮮葡萄的果香打造葡萄園的涼爽氣息，自製的薰衣草苦艾酒在草本的辛辣茴香滋味中留下薰衣草乾爽而迷離的餘味，草莓奶昔般的色澤裡充滿了盛開的花香與飽滿的果香，滋味也很清爽乾淨。

果香、花香，當然草本氣息也必不可少，遲鈍舌尖就要以香氣一掃鬱悶。Peach Brandy Julep這款經典調酒無疑以干邑白蘭地與桃子白蘭地交織圓熟的果實風情，桃子果泥則一掃酒氣的厚重，並加入大量碎冰，薄荷葉將沁涼進行到底。這款以茱莉普銀杯裝盛、環繞著碎冰壁的創作還有很特殊的飲法，便是以類似茶漏的隔冰器罩在杯口以免凍壞了味蕾，啜飲時先是聞到插在杯口鮮摘薄荷的濃烈香氣，再是凍飲的暢快沖刷著神經，干邑白蘭地馥郁盈鹵，最後桃子的香甜淡淡地飄盪，充滿了食飲意趣。

啜飲鮮美調酒時總是想著咀嚼，那窩台北的餐點也不會讓你失望，尤其那有些台味的餐點更是下酒。蒜味蘑菇台灣啤酒蝦與避風塘炒子排，前者擷取自雞尾酒蝦的概念，醬汁卻以清炒蘑菇與

Grace & Wild，蘋果、杏桃與甘蔗的嬌豔欲滴。

時蔬再灌入台啤燉煮，苦味、酒味與蘑菇的清甜居然組合成近似海鮮清湯的鮮味，吃法也很自由，要蘸麵包或水煮蝦還是單吃都很美味，以酒入菜很點題；避風塘炒子排則是港味變身台味，炸得金黃酥脆的子排、豪邁的蒜酥，只怕太開胃又多貪了好幾杯。

好了！酒足飯飽，走出店門，上班一整天被憊懶遲滯重重壓制，此時已是自由的。

復古工業風吧檯，啜飲蒸氣時代的粗獷與優雅。

窩台北 WooTaipei
add 台北市忠孝東路四段205巷39號
tel 02-8771-9813
time 14:00~翌日02:00，週五、六營業至翌日03:00。
price 平均消費約500元
web www.woo-life.com
FB Wootp 窩台北

粗獷中更見細膩的九州豪情

八兵衛博多串燒

來自日本屋台料理之都福岡的八兵衛博多串燒，如何將路邊攤料理變身為設計風料亭，而台灣本產的紅羽土雞要怎樣復刻宮崎地雞，能在全日本最多燒鳥店聚集的博多立足，讓九州男兒告訴你粗獷中更見細膩的串燒奧義。

text 古鎮榮 photo 呂剛帆

以燒肉料理聞名全台的乾杯集團，引進來自日本九州的八兵衛串燒，不僅進駐信義區百貨公司，而且也是這家博多串燒店第一家海外分店，如此絕妙組合，讓人不禁想一探究竟。

擁有全日本密度最高燒鳥店的福岡縣（博多為福岡舊稱），博多人可以大聲對東京人說：「我們比你們更懂燒烤！」然而台灣饕客對博多串燒的歷史及美味卻識之甚少，於是乾杯集團社長平出莊司與八兵衛社長八島且典聯手將屬於九州的豪放風格，原封不動地在台灣重現。

炭火的溫度及炙烤時間的拿捏，是燒烤的美味關鍵。

一字排開的串燒雞令人眼花撩亂，卻也經過精密計算，按味覺及口感依序上菜。

獨家特製的壽喜串

為了讓台灣人能一次吃到博多串燒的精華，八兵衛以套餐方式呈現串燒料理，從前菜到甜點，串燒自然是其中的精華所在。以「八兵衛套餐」為例，內含九道串燒料理，從一開始的前菜就大有學問，例如佐以芝麻醬的生魚片，是九州漁夫的專屬口味，而蘆筍豆腐、鵝肝慕斯和八島社長習自米其林星級餐廳的豆泥串炸，則從清淡到濃郁的口感，預告即將登場的串燒美食秀。

博多串燒四大食材主流包括豬五花、牛橫膈膜、雞肉及豬腳，八兵衛除了豬腳之外，巧妙地將三大主菜融入在九種串燒之中，並且採用產自台灣的黑毛豬、雲林桂丁紅羽母土雞以及澳洲和牛等食材，第一道豬五花搭配無限供應的沾醋高麗菜，更能帶出肉質的甜味與鮮美，接下來還有博多特有的搭配洋蔥雞肉串（東京使用青蔥）、以梅肉醬與紫蘇佐味的烤雞柳、醬燒之後軟嫩適中的粉肝雞心串燒、軟中帶勁的牛橫膈膜、包著噴汁蕃茄的豬五花等，令人目不暇給。

其中最引人注目的包括八島社長因本身喜好而

寬敞的吧檯有別於一般燒烤居酒屋，顛覆了眾人對燒烤店的印象。

自行研發的壽喜串，模仿壽喜燒需沾蛋汁的佐味方式，八兵衛也為客人準備了一顆蛋黃，隨後登場的雞肉丸串燒在蘸了蛋黃汁之後也更為美味。而八兵衛手羽先（雞翅）由於在料理時加入大量清酒，以酒精揮發的方式去除水分，使得看起來更像炸物的烤雞翅吃起來別有一番風味。

以日本酒佐串燒

吃日式燒烤最適合的佐餐酒當然是日本酒，八兵衛台灣本店店長蕭維逸推薦「天狗舞」這支來自石川縣的「山廢」系列米酒，因其帶有原始土味的特性，與博多串燒不僅能完美搭配，更不會搶走串燒醬汁主角的風采。

八兵衛在兩位日籍社長的聯手打造下，呈現完整的傳統日式燒烤風味，不僅食材選用仔細，空間打造更有別於一般燒烤居酒屋，一進門，迎面而來的吧檯不僅可以做 Waiting Bar 使用，餐後想稍事休息或小酌一番，在這裡也能繼續單點串燒，享受九州男兒粗獷中更見細膩的待客豪情。

精緻的前菜以漸層口感揭開串燒秀的序幕。

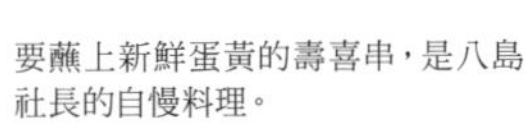

要蘸上新鮮蛋黃的壽喜串，是八島社長的自慢料理。

八兵衛博多串燒
add 台北市松高路19號6樓
tel 02-8786-5533
time 11:30~22:30
price 套餐1,480元起
web www.kanpai.com.tw

單車族的品味基地 TASTE By Sense 30

坐落光復南路巷弄內，門前一株大樹為夏日帶來清新涼意，展示櫥窗內一台造型優美的訂製款復古單車點題般帶出TASTE By Sense 30的主軸。黑色鑄鐵外牆、紅磚與招牌上的細緻雕花，彷彿穿越時空來到了古典歐洲，隨時會有戴著紳士帽、西裝筆挺的英國紳士自眼前信步走過。

text 莊幃婷 photo 張晉瑞

作為推廣城市單車文化、台灣手工訂製單車Sense 30的系列店鋪之一，TASTE By Sense 30隨處可見美麗自行車的蹤影，門前以單車輪子製成的透明圓桌、隨興點綴牆面的單車零件、歐洲舊報紙剪下騎單車人們的身影，加上創辦人親手繪製的歐洲紳士插畫，讓整間店充滿了強烈的自我風格。

旅行回憶融入餐點中

「品味」是這間店的核心，TASTE 呼應了Sense 30所塑造的一種生活美學和態度。復古二手家具、紅沙發、沉穩深色調和工業風吊燈，店

每日限量八小時慢烤手撕豬，適合與好友一同分享。

內縈繞著英式小酒館的悠閒氛圍，TASTE By Sense 30店主之一的Gloria說：「一開始創店的動機其實很簡單，就是希望大家在騎完車後有個地方可以喝杯咖啡、聚會聊天、吃點東西。」而曾在法國廚藝學校學習傳統法式料理的Gloria以自己的專業經驗加入創新現代元素為TASTE餐點做發想。

在她爽朗的笑容中帶著一抹美國西岸的溫暖陽光與隨興自在，原來Gloria在法國待了一年後去了舊金山，發現過於精緻的料理與自己個性不符，相較之下豪邁自然的風格反而更貼近自己，因此TASTE的餐點中也流露出有點歐風、有些美式粗獷、又有澳洲的自然健康和平易近人的風格，正是融入了她個人喜愛的食物類型、生活風格，以及在世界各地旅行的經歷與回憶。

TASTE By Sense 30入口轉角處特別為單車族設置了單車停放區和打氣筒，同時還有為騎乘單車者設計的特別菜單，例如艾丁格小麥能量飲、無酒精啤酒、運動修補香蕉蛋白奶昔等讓人們運動後能馬上恢復體力的健康飲品。

右／蝦醬焦糖辣雞翅，酸辣鹹香的滋味讓人吮指回味。左／店主精心挑選一整牆來自法國與匈牙利的葡萄酒。

地下室目前提供活動場地租用，延續歐洲復古風格。

上／舒伯格酒莊修道院系列白皮諾白酒。中／美味甜點深獲女性喜愛。下／隨興點綴牆面的單車零件。

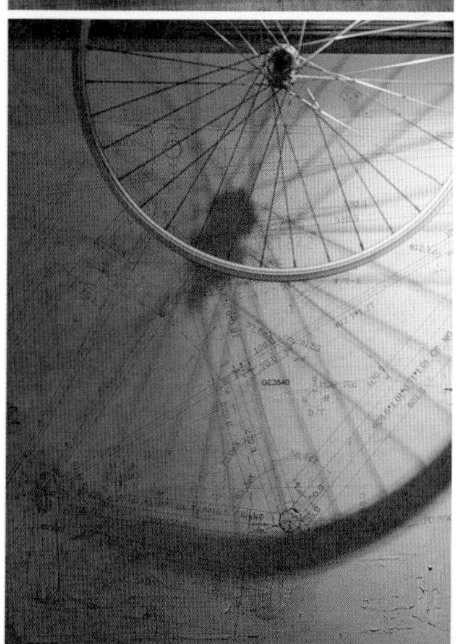

上／店內瀰漫著英式小酒館的放鬆氛圍。下／有著陽光笑容的店主Gloria，希望創造一處從早到晚都有美好事物發生的場所。

美好事物發生的地方

喜愛夜間小酌的人，店內紅白酒依價位等級區分，主要來自法國和匈牙利，如貝儂梅森勃根地黑皮諾老藤紅酒、舒伯格酒莊修道院系列白皮諾白酒與匈牙利紅酒等。啤酒也特別挑選，無論是包裝可愛或味道獨特的都有，其中又以一款奧地利的鮮釀有機蘋果酒特別受到女性歡迎。

而最適合下酒的小點，莫過於店內招牌蝦醬焦糖辣雞翅，酸辣鹹香的滋味讓人吮指回味。其次是烤布里起司搭配慢烤大蒜抹醬與麵包，因為熱度而軟化的布里起司，柔軟滑順的口感，一入口奶香四溢，搭配烤得酥脆金黃的麵包，正是絕配。Gloria說：「不希望這裡只被定義為小酒館，而是一個從早到晚都有美好事情發生的地方。」而她大力推薦的每日限量八小時慢烤手撕豬，嚼勁嫩度兼具，共有四個小漢堡，正好適合兩到三個好友一起分享。

華燈初上，人們的談笑聲讓夜晚的TASTE By Sense 30顯得更加迷人，喜愛騎單車的城市漫遊者，千萬別錯過了。

上／TASTE by Sense 30充滿強烈的自我風格。下／展示櫥窗內造型優美的訂製單車，帶出這裡的主軸。

TASTE By Sense 30
add 台北市信義區光復南路447之48號
tel 02-2720-8316
time 週一至週五11:30~22:00，週六、週日11:00~23:00，週二公休。
price 平均消費約500元
web www.tasteby30.com
FB TASTE by Sense 30

人氣很高的烤布里起司搭配慢烤大蒜抹醬與麵包，正是絕配。

與小法國的甜蜜相遇 C'est La Vie 五味瓶

在城市的一隅，隱身著一間以鎢絲燈泡照耀著簡約木色調桌椅的小酒館，暖意的光線讓人想放慢腳步，沉浸在這美妙的氛圍，好好享受一番。下班後，相約好友們一同踏入，喝杯紅酒，品嚐法式風情的饗宴，放鬆身心。

text 謝沅真 photo 張晉瑞

坐落於永康街的「C'est La Vie 五味瓶」，是主廚 Bruce 和 Paul 與其他三位法式料理廚師兼好友們，聯手打造的法式小酒館。走進店內，映入眼簾的是和煦的燈光、木製桌椅與開放式廚房，一種溫暖、輕鬆與自在的氛圍，打破以往對法式料理較為端莊的刻板印象。

將法式料理結合小酒館（Bistro）的風格，菜色的設計上較為靈活且平價，店內的裝潢設計以暖色調為主，搭配大片落地窗，在店內用餐的同時，透過玻璃窗就能看到城市夜間美景，讓用餐的人們都宛如歸家般的親切自在，大啖美食，小酌一杯。

一如五味雜陳的人生滋味

談起店名「C'est La Vie 五味瓶」的由來，主廚 Paul 表示，與其他四位好友的創業過程裡遇到了不少困難與快樂，就像人生旅途伴隨著各種酸、甜、苦、辣和五味雜陳的滋味，因此將中文店名取為「C'est La Vie 五味瓶」（C'est La Vie 源自於法文，意思為「這就是人生」），希望來

秀色可餐的料理，全新迷人的味覺體驗再次觸動舌尖。

和煦的燈光、木製桌椅與開放式廚房，溫暖、輕鬆與自在的氛圍，享受與法式小酒館的邂逅與愛戀。

脆皮豬腳肉凍捲是一道融合法式傳統鄉村菜與台灣飲食喜好的創意菜餚，搭配的沾醬獨家調製而成，是五味瓶的招牌菜色。

右／透明玻璃牆上印著手寫的法國菜食譜。左／綠意盎然的新鮮蔬菜，搭配鮮嫩粉色牛肉，清爽滋味於口中繚繞。

用餐的人們能夠帶著生活中各種滋味，享用美食，沉澱心靈，領略自己的生活哲學。

堅持使用當季在地食材的五味瓶，依照季節選用不同的在地食材，融入廚師們的創意，定期於三到四個月間推出季節性菜色，此外，也提供許多類型的紅白佐餐酒，讓客人用餐時一併搭配享用，如「低溫安格斯黑牛薄片佐酸豆鮪魚醬」，將牛肉低溫烹調至粉紅色，搭配新鮮蔬菜並佐上酸豆醬，適合搭配紅酒一起品嚐，牛肉的鮮嫩風味將紅酒的餘韻更加提升；「馬賽魚湯風味燉飯搭市場海鮮」則適合搭配白酒食用，在海鮮馥郁鮮濃般的滋味下，白酒的清新口感發揮得更極致，一段新的火花於口中萌然而生。

東西交匯的美食之旅

餐點的設計除了保留道地的法式料理風味外，也融入了主廚們的料理概念與台灣在地的飲食風情，像「脆皮豬腳肉凍捲」是一道融合法式傳統鄉村菜與台灣飲食喜好的創意菜餚，將去骨豬腳肉凍加入香菇拌炒，用酥炸的春捲皮包成，酥脆

上／簡約餐具搭配木質餐桌，舒適用餐環境讓人愜意自在。中／主廚們將創意想法融入在餐廳裡，試圖帶來更多美好給人們。下／和煦光線一抹在木質桌椅上，溫暖氛圍下，享受美食不需正襟危坐。

脆皮豬腳肉凍捲在酥炸黃金外皮下，蘊含著豬腳凍的軟嫩新滋味。

的口感下依舊蘊藏了豬腳肉凍原有的綿密濃醇與軟嫩口感，搭配的沾醬則是獨家調製而成的「薑汁蕃茄醬」，吃起來的滋味酸酸甜甜，彷若五味雜陳的人生，是五味瓶的招牌菜色。

在小酒館裡，體驗著法式風情與本土料理特色的交匯之旅，原來法式料理也能輕易地深植人心，不需要到五星級的法式餐廳端莊賢淑用餐，也能享受與小法國之間的邂逅與愛戀。這夜，與法式的道地佳餚、葡萄酒餘韻的微醺，相約在五味瓶，怎麼能叫人不心動？

大片落地窗，盡享城市夜色。

C'est La Vie五味瓶
add 台北市大安區永康街61巷15號
tel 02-2396-6576
time 11:30~14:30、17:30~22:00，週一公休。
price 平均消費約700元
FB C'est La Vie五味瓶

東區夜色下的小義大利 Solo Trattoria

還不到下班時間，Solo Trattoria大門一開，沒過多久便坐無虛席。
擁有超人氣義大利麵店Solo Pasta的好口碑，
老闆兼主廚王嘉平再接再厲推出風味更純正的義大利小酒館，以滿桌的下酒好菜，
和種類豐富的義大利杯酒，在台北街頭重現羅馬巷弄小酒館的熱鬧盛況。

text 李芷姍 **photo** 周治平

炙熱磚窯現場燒烤比薩，剛出爐的比薩風味絕佳。

這裡著眼於鄉村菜餚，義大利的風土躍然舌間。

還沒翻開菜單，你首先會在冷菜檯中看見色彩鮮豔的魚蝦鮮蔬，在廚師巧手下變身豐盛前菜。比薩師傅拍打著麵糰，當場將灑滿餡料和起司的比薩送入磚窯。嵌入牆中的葡萄酒機提供多種紅白酒選項，視覺效果一流。

義大利美食大集合

Solo Trattoria 著眼於鄉村菜餚，透過菜譜可以清楚感受到鮮明的地域色彩，卡布里亞辣肉腸、北義牛舌、西西里涼拌茄子，義大利的風土躍然舌間，讓人怦然心動。

右／綜合開胃菜大拼盤有烘蛋、糖醋茄子、醃烤南瓜等各種開胃小點。左／前為自製鴨胸火腿，後是豬寶盒子凍。

時尚的都會空間感，常吸引鄰近上班族造訪。

慢燉牛舌薄片佐三色醬，色彩繽紛，口感多元。

自己擺放蕃茄、起司、羅勒等配料的自助式瑪格麗特比薩。

各種風乾火腿，經過不斷嘗試、調整，總算將台灣豬成功變身為豬梅花生火腿、鹽漬豬頰肉等道地義式風味。

右／每一道料理都有著鮮明的地域色彩。左／諾瑪麵，飄著濃郁肉醬起司香。

Solo Trattoria
add 台北市信義區逸仙路50巷22號
tel 02-8780-2691
time 11:30~15:00、17:30~22:00，週一公休。
price 平均消費約700元
FB Solo Trattoria

第一道上桌的綜合大肉盤，是王嘉平醞釀已久的義式狂想，他在廚房設置風乾熟成設備，製作各種風乾火腿。經過不斷嘗試、調整，總算將台灣豬成功變身為豬梅花生火腿、鹽漬豬頰肉等道地義式風味。而自製鴨胸火腿更讓我驚豔，半透明的櫻桃鴨胸在燈光下透著光輝，凝結在紮實鴨肉中的甘美氣息，隨著入口後一舉爆發，濃鹹深邃的肉香勾緊味蕾，越嚼越香，與葡萄酒在口中昇華為美妙的乾果味。

傳統料理上桌

傳統菜另一項特色是曠日廢時，王嘉平不厭其煩也要將傳統料理帶上餐桌。豬寶盒子凍從第一道步驟到完成需要四天，把整顆豬頭處理乾淨醃漬一天，然後小火慢慢燉熬，讓膠質完整釋出，冷卻後得花上兩天讓豬肉凍自然成型。天然膠質彈牙中還帶著黏性，配沙拉吃相當美味。

另一道慢燉牛舌薄片佐三色醬，七小時慢燉至爛的牛舌先整條下鍋，起鍋後再切成長長的薄片，獨特口感彈跳於唇齒之間，多重層次讓人念念不忘。

好菜還要酒來搭，義式葡萄酒隨侍在側，皆可單杯供應。隨興氣氛吸引顧客再多點兩杯，在酒精催化下，以舌間遨遊義大利的明媚風光。

上／店內黑板繪有義大利各省。下／享用美食，也可以在這裡把義式食材買回家。

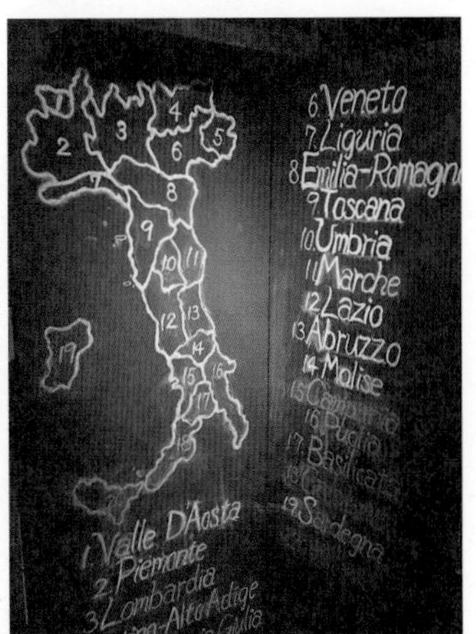

part 2

今晚，台北覓食
暖暖來圍爐

圍坐爐邊，看著主廚現場翻炒熱騰騰的鐵板料理，
或在冒著白煙的火鍋前喝著熱湯，
在微涼的台北夜晚，暖意緩緩攀上心頭。

巷弄裡的自然私廚 私宅手作鍋料理

在一處以工業風搭配木製家具的私宅餐廳內，散發和煦親切的氣息，心中感到一絲暖意，不禁想趕緊上前品嚐他們的火鍋料理，沉浸在涼夜中溫暖的一刻。

text 謝沅真　photo 張晉瑞

造訪當日，我們走進天母街道巷弄中，尋找期待已久的「私宅手作火鍋料理」。在以木牆打造的外門下，瀰漫著如家般的氣息，難以想像門背後居然隱藏著一間餐廳。

純粹自然的美味

走進門，迎接而來的是店主兼料理長的林先生，高大魁梧的身材帶著一絲溫暖的笑容，還沒用餐就被注入滿滿的熱情。一眼望去，店內裝潢以工業風為主，粗獷紅磚牆，搭配復古鎢絲燈泡，打破一般火鍋店的裝潢較為簡單平常的印象。談起為何會以工業風作為裝潢風格，林先生

以豐富的魚類料理為主食材。

說，因為自己喜歡工業風，也喜愛純粹且自然的事物，因此工業風最能真實地呈現自己所熱愛的自然風格。在餐具選用上，則是與三芝的陶藝家合作，用燒陶方式打造出獨一無二的盤子。

店名「私宅手作鍋料理」的由來也跟純粹和自然的精神有關，林先生說，會想取名為私宅手作鍋料理的理由是因為餐廳內所有的食材，不論是海鮮、肉品或火鍋料，都是採用最天然的食材手作製成，沒有添加非天然的加工物，希望提供安心的用餐料理，也讓人們知道台灣在地也有許多不需過多烹調就非常美味的新鮮食材。

在這裡，從餐廳精神、食材選用到設計裝潢，皆貫穿一股純粹、自然的靈魂，讓人來到這用餐，就彷彿回家般的輕鬆愜意。

右／大廚用心準備最新鮮的食材。左／吃火鍋途中會穿插的三道熱菜，讓味覺更豐富。

粗獷紅磚牆，復古鎢絲燈泡，店內環境是純粹自然的工業風。

豐盛的海鮮鍋物料理，嚐出最鮮美自然又暖心的滋味。

大啖鮮美海味

私宅手作鍋料裡的餐點以無菜單為主，根據客人的喜好與主廚溝通後，主廚會幫每位客人搭配最適合季節時令享用的海鮮料理，以及店內招牌的桂丁雞雞肉料理。

私宅手作鍋料裡跟一般火鍋店不同的是，除了以海鮮和雞肉料理為主外，更會在客人們吃火鍋的途中穿插三道熱菜，給人們不同的味覺饗宴，而不單單只是火鍋從頭吃到尾，跳脫平常吃火鍋較為單調的感覺。

菜單設計上，料理長林先生非常重視食材選用和湯頭調配，食材採用台灣道地新鮮的海鮮食材，並根據不同的季節時令更換菜單，在海鮮料理的配菜上，魚類料理包含金花魚、石鯛、秋姑魚、翡翠鯛和青雞魚等，再搭配螃蟹和蝦類料理，讓人一次大啖各式海鮮，完全滿足喜愛海鮮料理人們的口腹之慾。

湯頭調配上，則是採用非常清淡的口味，以最自然的方式呈現手作鍋物的料理風格。林先生堅持湯頭不添加過多加工物，這樣才能讓人吃出台灣在地食材最原本的鮮美滋味，也給予人們最安心實在的美食饗宴。

在隱密巷弄中，這處宛如私宅般的餐廳內，充滿真摯與活力的靈魂，令人感受到主廚對食材與料理的堅持與熱情，對料理不容妥協的心，成就私宅手作鍋料裡感動人心的元素。坐在私宅內品嚐一鍋熱呼呼的料理，冷風蕭颯的夜不再令人感到寒冷。

私宅手作鍋料理
add 台北市士林區福華路128巷6號
tel 02-2831-9707
time 11:30~21:30
price 鍋料理1,280元起
FB 私宅手作鍋料理

上／位在天母街道巷弄中的私宅手作鍋料理。下／用餐環境極簡復古。

米其林極致美學 ibuki by TAKAGI KAZUO

由米其林星級主廚高木一雄（TAKAGI KAZUO）指導設計的京料理餐廳「ibuki by TAKAGI KAZUO」，集結京都懷石和鐵板燒的日本料理型態，讓人一次品味到多樣化的料理美學，看著主廚在爐邊上演一場美食秀，為秋季畫上了一道和煦的彩虹。

text 謝沅真 **photo** 呂剛帆

至日本習藝的主廚劉建新。

吃鐵板燒並不稀奇，但能在鐵板上吃到懷石料理的機會可能就不多了。來自日本的主廚高木一雄純正的京都懷石料理，一直以來獲得許多人的推崇，高木主廚為了滿足人們對頂尖日式料理的期待與追求，將日本地位非常高的鐵板燒結合懷石料理，呈現煥然一新的美食饗宴。

為了帶給客人全新的感受與體驗，ibuki by TAKAGI KAZUO 將餐廳原本的大包廂規劃成兩大鐵板燒餐檯，以日式和風庭院打造用餐環境，同時引進大片窗景，讓人在品嚐美食之餘，也能觀賞敦南林蔭大道的優美景致，享受舒適自在的用餐氛圍。

VIP包廂引進大片窗外綠意。

鐵板與懷石的美妙圓舞曲

採用新鮮的當季食材、純熟的料理技藝和完美無瑕的美味成品，是 ibuki 鐵板燒的宗旨與精神。至日本習藝的劉建新主廚說：「日本的鐵板燒層次極高，不僅展現廚師對食材火候的精準掌控，更能發揮對料理的創意並賦予生命。」日本人對食材的尊敬以及鐵板燒的態度，令劉主廚驚豔不已，希望能將這份態度原原本本的帶回ibuki by TAKAGI KAZUO，呈現給更多人，從料理中體會到無可取代的職人精神。

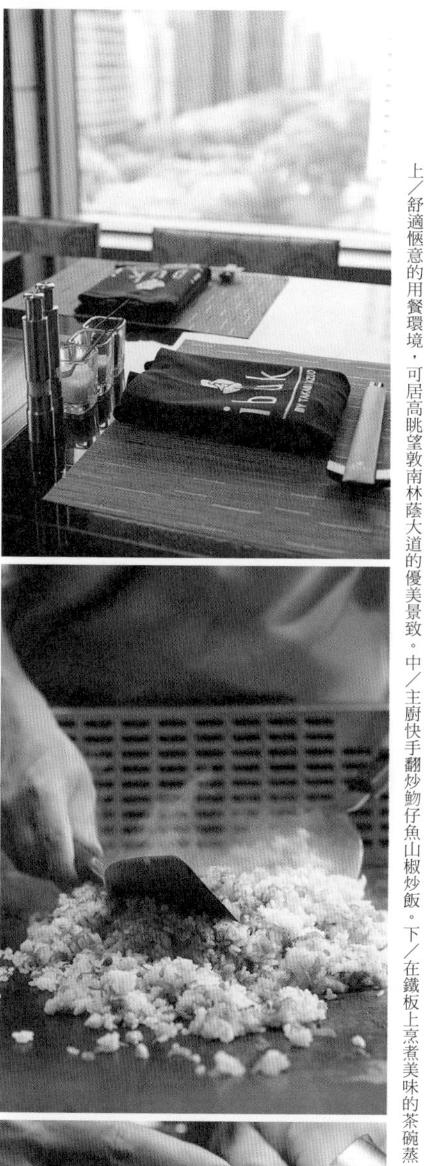

上／舒適愜意的用餐環境，可居高眺望敦南林蔭大道的優美景致。中／主廚快手翻炒魩仔魚山椒炒飯。下／在鐵板上烹煮美味的茶碗蒸。

主廚在鐵板上將牛排煎至美味的熟度。

ibuki by TAKAGI KAZUO 鐵板燒所提供的料理中，以季節時蔬和牛肉的烹調最具特色。開啟這場美食之旅的是「開胃五品佳餚」，選用當季新鮮時蔬，以懷石京料理中最著名的八寸呈上多種不同風味的開胃菜，包含茄子豆腐、淋上白芝麻醬的無花果、鴨肝百合根等，懷石料理精緻淡雅的擺盤，佐以清爽季節時蔬暖胃，迎接後續厲害的美味主食。

一次品嚐三種牛肉的美妙

套餐中的主菜美國和澳洲和牛，是主廚遵循日式鐵板燒做法製成，以常溫解凍後，帶回到室溫將表面微煎之後靜置，讓肉的內層溫度和表面一樣，達到內外溫度平衡，才能完美保留和牛的極致風味。這次品嚐到沙朗、肋眼、菲力三種牛肉，劉建新主廚表示，三種不同部位的牛肉分別擁有不同的口感與滋味，一定要親自品嚐過後才能明白每塊肉的箇中滋味。

第一道由沙朗開始吃起，由於沙朗瘦肉較多，口感嚐起來較有嚼勁，味道鮮美不膩口；第二道

開胃五品佳餚，開啟這場季節美食之旅。

三種不同部位的牛肉，各有不同的口感。

右／看似簡單的茶碗蒸也能展露清雅滋味。左／以美國和澳洲和牛為套餐主菜。

餐廳外部空間打造成日式庭院風格，即便身處城市中心，也能享有片刻寧靜的用餐時間。

可選擇吧檯座位就近觀賞大廚的神乎其技，也可落坐窗邊盡覽綠色窗景。

上／這裡也提供許多酒類飲品給客人選擇。下／魩仔魚山椒炒飯，交疊出清淡爽口的美好滋味。

套餐中的甜點，季節水果果凍配上冰淇淋。

是沒什麼肌肉的菲力，柔軟鮮嫩的口感，讓人嚐到何謂入口即化的滋味；最後的肋眼則是帶有油脂、肉和筋的部位，嚼起來軟中帶勁，有肉也有筋的口感，令人想要再來一口。一次品嚐三種部位的牛肉，喜愛美食的心被大大滿足，不知下次要再盼到如此美味的牛肉會是何年何月？

最後搭配主廚在熱煙瀰漫的鐵板前不斷翻炒的「魩仔魚山椒炒飯」，米飯、蒜頭醬油和山椒三種食材相互碰撞下，交疊出清淡爽口的美好滋味，再配上一碗熱呼呼的海帶芽味噌湯，夜晚的涼意一掃而空，為這場鐵板懷石的美食秀畫上完美句點。

ibuki by TAKAGI KAZUO
add 台北市大安區敦化南路二段201號7樓（香格里拉台北遠東國際大飯店）
tel 02-7711-2080
time 11:30~14:30、18:00~21:30。
price 晚間鐵板套餐1,280元起

鐵板烹煮的美食，盛裝至優雅的擺盤上，是鐵板懷石的精神。

鐵板上的懷石料理 季月鐵板懷石

一雙銀亮亮的鐵鏟在鐵板上鏗鏘作響，順著主廚精湛的手藝，將食材反覆翻炒，俐落刀法配上純熟技藝，赤裸裸地展現廚師功力與食材美味，再精緻地盛裝擺盤，同時賞味鐵板燒與京料理的極致美學。

text 謝沅真　**photo** 張晉瑞

為了給人們不一樣的感受，秉持力求創新變化的品牌精神，季月鐵板懷石融合鐵板燒和懷石的概念，為鐵板料理揭開前所未有的嶄新樂章，豐富了味蕾饗宴。

貫徹懷石的精神，所有食材皆講求當令新鮮，並且將四季食材之特色雕琢於料理裝飾中，故而將店名稱作「季月」。

「季月」原指農曆的三、六、九、十二月，也就是季節轉換的月份，在這個詩意的詞語中，蘊含著對季節流轉的惜愛之情，巧妙地運用當令素材，想傳達給人們四季變換的種種感動，並將食材本身的美味發揮至淋漓盡致，獻給喜愛美食的老饕們。

沉靜的京都風味

一走進季月，映入眼簾的是充滿古典風情的茶室建築。空間中，運用大量和紙、掛軸、花瓶等日式素材，呈現出日本京都沉穩文靜的風格，搭配昏黃和煦的燈光、略帶暈染視覺效果的紫紅色牆面，宛如傳統和服般的優雅，不論一人獨享這

用餐空間滿是沉靜的京都氣息。

隨著季節流轉，季月所用食材都講求當令新鮮。

份美好，抑或與三兩密友相聚，都能擁有溫暖舒適的用餐氣氛。

來自乾杯集團的季月鐵板懷石，食材同樣選用乾杯集團最引以為傲的澳洲和牛，肉質柔嫩多汁，油脂分布紮實，再透過鐵板煎烤及創意懷石擺盤，重現肉的原汁美味，並擁有懷石料理中精緻優雅的精神，除了給予人們不一樣的味覺感受外，也希望讓澳洲和牛在不同的舞台上發揮它的美味。

牛排與懷石的美好對談

配合「季月」品牌的核心精神，季月在菜單設計上也融合了季節元素，每三個月就必須針對當令食材更換一次菜單。

此次套餐的前菜「味噌牛舌及紅酒漬無花果拌白芝麻豆腐」就顯見主廚工夫，將牛舌燉煮到柔軟的狀態後，再浸漬於稍微偏甜的西京味噌中消除腥味。佐搭的無花果則是浸漬在調味過的紅酒中增加香氣，微酸的果香與酒香，更巧妙平衡了牛舌的濃郁滋味，跟芝麻豆腐白醬拌著吃，讓味

柔嫩多汁的澳洲和牛，展現懷石料理精緻優雅的精神。

黃雞魚鹽味燒佐海苔醬，嚐來鮮美清爽。

味噌牛舌及紅酒漬無花果拌白芝麻豆腐，顯見主廚真工夫。

上／主菜之一的鮑魚料理。下／茶泡飯，精心燉煮的高湯滋味一點也不含糊。

上／大廚發揮精湛手藝，在饕客面前展現精彩料理。下／鮮蝦濃湯，很受客人的喜愛。

道更有整體性，豆腐香與無花果香甜風味相互交融，激盪出一股回味無窮的好滋味。

主菜「黃雞魚鹽味燒佐海苔醬」，在油脂沒有很多的黃魚上，採用乾煎的手法，並佐上甘甜的海苔醬，嚐起來鮮美清爽，甘甜不膩，絲絲入扣的回甘，讓人不禁想一口接著一口。

透過主廚們精湛的手藝，融合懷石料理的極致精神，道道展現食材最原始的美味，演繹出澳洲和牛更高境界的味覺體驗。在季月，不僅能滿足人們的味蕾，也能享用到真正幸福的滋味。

季月鐵板懷石
add 台北市信義區松高路19號6樓（新光三越 A4館）
tel 02-2720-0123
time 11:30~14:30、17:00~21:30（例假日前一天至22:00）。
price 套餐880元起
web www.kigetsu.tw

甜點是季節水果塔。

在麻辣香繚繞的湯頭裡涮上頂級肉片，香辣又鮮美。

宮廷中的帝王癮 問鼎麻辣鍋・養生鍋

在踏入問鼎麻辣鍋・養生鍋之前，許多人一定無法想像在享用麻辣鍋時，也能體驗到跨越千年般的貴族享受。從兵馬俑佇立兩旁的大門走進，宛如置身美術館，被撲鼻而來的麻辣香圍繞以外，也被濃濃的藝術氣息渲染。

text 謝沅真 photo 呂剛帆

在喧鬧的台北街道上，有一處散發濃濃古代中國風味的麻辣鍋餐廳，從大門拾階而上，彷彿搭上了時光機，跨越時空與空間的隔離，重溫浩瀚無窮的中國千年歷史。

頂級食材的極致饗宴

馬辣餐飲集團斥資六千萬打造全新品牌「問鼎麻辣鍋・養生鍋」，用餐環境採用許多從國際拍賣會蒐藏而來，價值超過三千萬的中國歷代重要玉器、瓷器及工藝精品，如周朝的青銅器、唐宋元明的銅鏡與玉雕、清代的鼻煙壺與銅胎掐絲琺瑯、慈禧御用大碗及重金訂製的三公尺高大佛

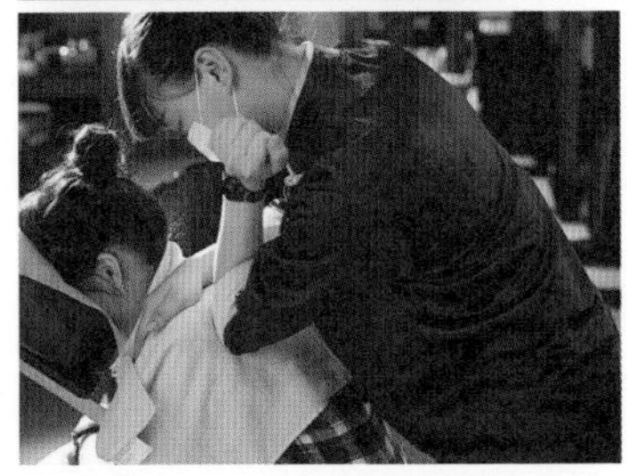

上／用餐空間佈置許多從國際拍賣會蒐藏而來的中國古物。中／典雅的用餐環境。下／等候用餐時還有真人體感按摩。

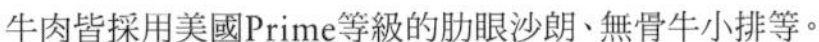

牛肉皆採用美國Prime等級的肋眼沙朗、無骨牛小排等。

首、兩公尺高兵馬俑、一公尺深皇帝大龍椅、龍袍、鳳袍……等等，打造宛如美術館內的用餐環境，瀰漫著磅礡氣勢與藝術氣息。

值得一提的是，問鼎的「火鍋」是由知名藝術家以周朝的青銅器「迷盤」為靈感創作而來，甚至邀請到青花瓷藝術家楊莉莉專為問鼎而創作的「黃地青花龍紋」餐瓷，讓來到這用餐的客人宛如置身在宮廷中的用餐。

這裡除了提供頂級美食料理與極具特色的用餐環境，也給予客人最貼心備至的服務，在等待區甚至設有真人體感服務，首創免費 OPI 指甲油美甲服務與真人體感按摩，貫徹馬辣集團想融合娛樂與服務性質的精神。圍爐之餘，也能享受奢華的服務體驗。

免費OPI指甲油美甲服務。

這裡是兼具頂級美食與奢華服務的火鍋餐廳，就是鍋具、餐具也請來藝術家設計。

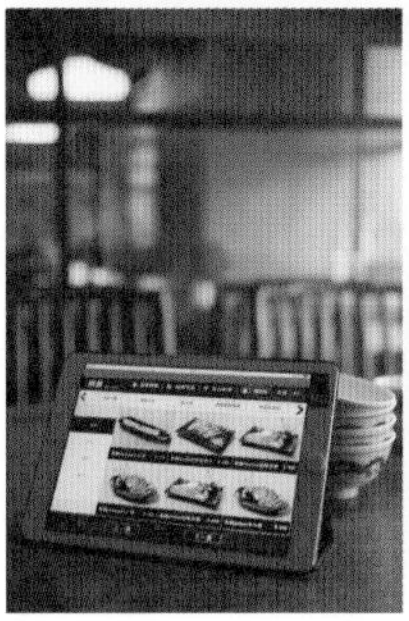
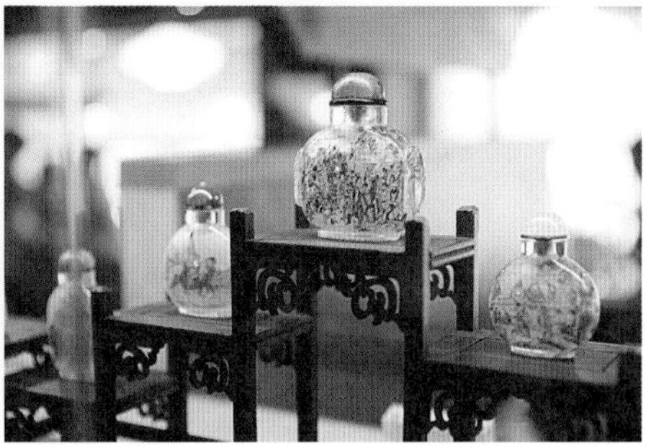

右／周邊展示許多中國玉器和瓷器，就像到博物館用餐。左／每張餐桌上皆放有一台iPad，點餐方式很科技。

頂級食材的極致饗宴

為了開創另一種火鍋的可能性，打造兼具頂級美食與奢華服務的火鍋餐廳，菜單上皆採用頂級食材，牛肉選用美國 Prime 等級的肋眼沙朗、無骨牛小排。豬肉挑選屏東活菌豬梅花、豬五花、丹麥松阪豬。海鮮則有北海道鱈場蟹、南非鮑魚、韓國生蠔、北海道大干貝、阿根廷天使紅蝦、北海道帆立貝等。其中，北海道鱈場蟹和帆立貝更是秋季限定料理，喜愛海鮮的人們一定得把握住秋季，好好去品嚐一番！

除此之外，現做手工蛋餃亦是這裡的亮點之一，以土雞蛋佐雞高湯、海鹽、米醂，包入豬絞肉、荸薺，現場由師傅現煎現包後，即可入鍋煮熟享用，厚實的蛋皮吸收火鍋湯汁，嚐起來軟嫩香滑，令人回味無窮。

湯頭則使用三公斤牛半筋半肉熬煮三小時，嚐起來比用大骨頭熬煮的更香更醇，再加入特別調製而成的頂級辛香料，帶出麻辣鍋的辛辣香氣，在飄散著牛肉鮮味之餘，動感迷人的麻辣香亦在口中繚繞，鮮美湯頭與麻辣香氣，碰撞出更高一層的美食滋味。

晚風來襲，品嚐頂級海鮮料理，再被這熱煙瀰漫的火鍋香氣暖暖包圍住，任誰都能度過一段溫暖的好時光。

上／醬料裝盛在仿周朝青銅器酒杯裡。下／現做手工蛋餃，是這裡的亮點之一。

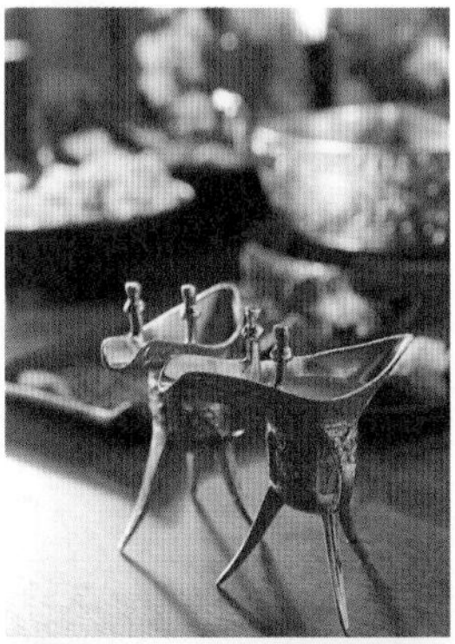
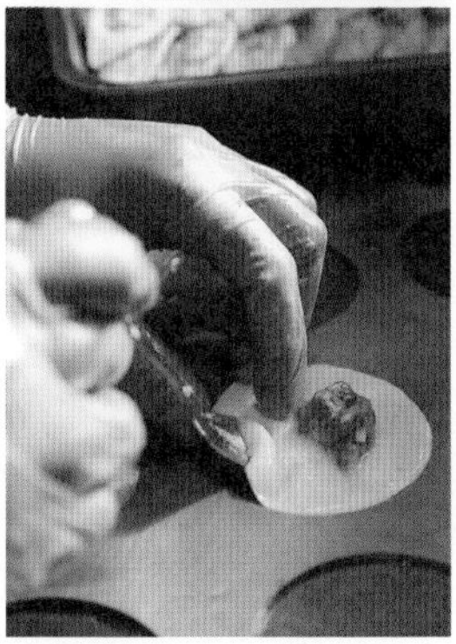

問鼎 麻辣鍋‧養生鍋
add 台北市大安區忠孝東路四段210號2樓
tel 02-2731-2107
time 11:30~00:00
price 每人低消350元
FB 問鼎 麻辣鍋 養生鍋 粉絲俱樂部

在地食材綻放優雅和風 鐵板懷石 染乃井

素白長暖簾隔絕車馬喧囂，石疊小徑旁竹影婆娑，送上京風氣息。
從日本原裝來台的鐵板懷石染乃井，
精美纖細的懷石料理，演繹屬於日式的優雅情懷。

text 李芷姍 photo 呂剛帆

推開拉門，灑滿櫻花的金色屏風映入眼簾，璀璨斑斕的風景是由京都繪師一筆一畫描繪而成。以春日最燦爛的染井吉野櫻為名，無論經營團隊與廚師皆來自日本的染乃井，有如一場盛開的春櫻，華麗中見優雅。

染乃井的社長渡邊仁在日本擁有二十餘家餐廳，他將鐵板懷石的新概念帶來台灣，一絲不苟的懷石料理與蒸騰熱氣的鐵板料理結合，看似衝突，卻在冷靜與熱情間取得巧妙平衡，營造和食世界的豐富意境。

料理長淺沼學深黯日本料理的醍醐味，創造出色味俱美的正統日式料理。

現磨山葵，來自台灣阿里山。

餐盤上的季節絮語

年輕的料理長淺沼學在板前舞動雙手，將蘿蔔切成半透明的薄片之後，塑造成晶瑩剔透的水滴形狀。新鮮的牡丹蝦、鮪魚中腹、醋漬鯖魚、烏賊生魚片被輕巧地放在蘿蔔圈中，最後插上菖蒲葉收尾，蘿蔔圈象徵樹梢上的青綠新芽，又像是掛在嫩葉上的水滴，淌著雨季的味道。

生魚片充滿彈力的肉質是鮮度的證明，彷彿抵抗著舌尖，彈牙口感之後鮮甜呼之欲出，令人驚豔。淺沼學笑道：「鮮度是海鮮的生命，台灣海鮮品質極佳，與其從日本進口，我們有許多漁獲其實是從台灣漁港購入，搶鮮呈現給顧客。」

右／白飯與蔥花混合，堆疊海膽、螃蟹、鮭魚卵，組成豪華的一品。左／晶瑩剔透的蘿蔔薄片，圈進鮮美生魚片。

審視自己所在的土地，回歸在地食材，作為正統的日本料理餐廳，染乃井卻不忘將土地元素加入料理之中。「台灣的青菜、水果非常美味，」淺沼學說，「像是阿里山的山葵、澎湖的海膽，都擁有不輸給日本的高品質。」

染乃井目前有一半以上的食材來自本土，豪華的前菜拼盤中，其實就是日台合璧的精彩呈獻。前菜包含八道小品：高湯煮菠菜佐木芽、鯛魚與櫻葉的手毬壽司、甜醋漬茗荷、錦玉子、鱈魚卵果凍等。其中台南產的無花果，搭配淺早學手製芝麻奶油，無花果的清甜與芝麻的濃香交融，風味清爽中蘊含力道。台灣風螺以日式素燒處理，原本千篇一律的九層塔炒風螺，洗盡鉛華後才發現它原本的風味如此甜美、彈嫩，簡直不輸小鮑魚呢。

安靜優雅的鐵板

結束精美的懷石前菜，主菜以鐵板華麗登場，所謂的華麗，指的就是那油花均勻的高級牛排。主廚在烹調和上菜時可是優雅如昔，不發出叮叮

右／無聲勝有聲的鐵板演出。左／安格斯黑牛多汁美味，搭配季節鮮蔬。

咚咚的聲響，更別提每處理一道菜，就會把鐵板磨得光可鑑人。

染乃井所有器皿都是從日本精選，而盛放牛排的陶盤也不例外，兼具藝術性與保溫功能。牛排煎到外皮酥脆，內裡還是粉紅色的五分熟狀態，再加上北海道半熟干貝以及大量台灣野蔬。牛肉柔軟多汁，讓人欲罷不能，和冰鎮清酒搭配，讓清冽的清酒伴隨肉汁滑入喉間，更是忘不了的完美搭配。至於一旁的鐵板產紅甘似乎不是很起眼，殊不知主廚在台灣產的新鮮紅甘上頭先抹一層海膽醬，再放滿滿的鮮海膽燒炙，每一口都蘊含海膽的小宇宙。

在正統雅致的懷食料理框架下，台灣食材在日本料理中開出燦爛的花朵，在純粹的優雅中，吟味屬於台灣的底氣，使染乃井在正統之外，散發出更讓人迷戀的在地風情。

前菜由六到八道季節小品組成，展現主廚手藝。

鐵板懷石 染乃井
add 台北市中山區南京東路一段31巷6號1樓
tel 02-2521-5860
time 11:30~14:00、18:00~22:00。
price 套餐1,200元起
web somenoi.com.tw

上／優雅石疊小路，彷彿置身京都。下／雅致的吧檯座位前，日本大師的陶藝作品做裝飾。

葉清雄的鐵板不點火，不耍炫技，只為追求食材的完美溫度。

炙燒的極意 讚鐵板燒

炙熱鐵板上，精彩絕倫的盛宴華麗登場。活鮑魚、明蝦、頂級和牛竄出逼人的濃香，主廚在板前談笑風生，優雅而寫意地揮刀舞鏟，在氤氳中端出一道道精緻美饌。

text 李芷姍 photo 周治平

地點在隱密的地下一樓，讚鐵板燒為登門造訪的賓客保持低調，推開厚重大門，熱情殷切的接待化解心防，而接下來，你必須要有被寵壞的心理準備。

有些老派的名稱，毫不手軟的奢華裝潢，讚鐵板燒如同傳說中的私人招待所，打從進門的那一瞬間即備感尊榮。愛馬仕鑲金餐具閃耀光彩，水晶玻璃酒杯擦得晶亮，鐵板在燈光下成為視覺焦點，這是專為廚師打造的個人舞台，也是修練鐵板燒之道的神聖道場。

讚鐵板燒的靈魂人物葉清雄主廚，鑽研鐵板三十五年，服務過無數政商名流，葉清雄高踞金字塔頂端修練著鐵板燒之道，只為呈獻極致完美

上／位在隱密的地下一樓，讚鐵板燒如同傳說中的私人招待所。下／季節現釣活魚佐松露醬。每天從漁港直送活跳鮮魚，遇到難得好食材，葉清雄還會打電話叫老主顧上門。

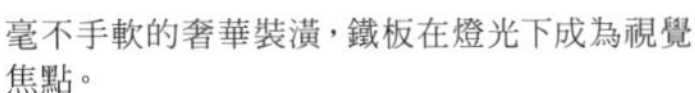

毫不手軟的奢華裝潢，鐵板在燈光下成為視覺焦點。

的感官饗宴。

出身台灣第一間高級鐵板燒「新濱」，在那個由日本廚師主導的時代，葉清雄成為史上第一任台灣籍店長。之後遊走於新加坡、上海等地的高級鐵板燒餐廳，出類拔萃的烹調手腕讓他每到一處，就會有一群老饕跟著跑，包括讚鐵板燒的金主們，都是葉清雄一吃數十年的忠實主顧。

鐵板燒的生命在食材

「聽過壽司之神小野二郎嗎？」葉清雄說：「他是米其林最年長的三星大廚，五十五年來只做一套握壽司，花費畢生精力，將壽司做到最完美。」在鐵板前站了大半輩子，葉清雄不知不覺中，也走上與壽司之神相同的修練之道，竭盡所能精益求精，時時刻刻想的，就是如何將鐵板燒做到最好。

為了讚鐵板燒的開幕，葉清雄幾乎摘遍日本米其林星星，拆解、研究頂級美食，他在築地市場居遊數月，每天跑魚市研究頂級食材，理由很簡單：要在台灣做出不輸米其林的世界級美食。

上／專屬酒窖收藏上萬瓶葡萄酒。下／陳秋同經理的餐酒搭配，讓美味更上一層。

紅毛蟹魚子醬的精美容器，特別從法國訂製。

「食材是鐵板燒的生命。」葉清雄說。讚鐵板燒所有食材都要求最高品質，鮮魚從澎湖、基隆鮮運而來，非野生海釣的魚獲不收，蔬菜一律使用有機栽培，牛肉只用最頂級的肋眼和牛，法國的鹽之花、義大利有機橄欖油，寧可缺貨，也絕不向品質妥協。「別看我們餐廳價格高，其實光食材成本就將近六成，午間套餐有時甚至只賺兩百元。」葉清雄苦笑說。

光用高檔食材不夠過癮，得有好酒搭配才真正快意人心。侍酒經理陳秋同向我們展示讚鐵板燒的專屬酒窖，餐廳自己做起代理商，引進法國波爾多與澳洲頂級莊園酒款，開幕之初，還請來法國專家研究餐酒搭配。

前菜「紅毛蟹魚子醬」翩然登場，晶瑩的法國魚子醬下，藏著九州紅毛蟹與香檳蛋黃醬，而配酒自然非法國香檳莫屬。魚子醬的鮮美在口中炸裂，蛋黃醬揉合蟹香，兩種鮮美彷彿一首精彩的協奏曲，最後透過香檳爽口豐郁的氣泡昇華。

冷藏空運的鵝肝煎得表皮酥脆，如何掌握火候，做到外脆內嫩，甜美肥腴卻不膩口，端賴大

法式松露鵝肝佐紅酒醬，充分展現主廚的精準火候，醬汁更讓美味指數再升級。

右／野生海戰車、鮮美魚獲可不是天天有，想嚐鮮還得憑運氣。左／澎湖野生紅戰車佐松露南瓜醬，有著無與倫比的輕彈口感。

廚功力。葉清雄早就練就一眼即知熟度的技巧，並同時利用醬汁讓美味指數度再升級。波特酒白蘭地醬汁使用高湯、三十年陳年波特酒與干邑白蘭地，費時五天熬煮成焦糖狀，醇厚天然的甘香與鵝肝交融，新鮮黑松露成為豐潤中的一抹驚豔，搭配洋溢柑橘與核桃氣息的貴腐甜酒，當真達到齒頰留香的境界。

頂級盛宴，因為你值得

放眼鐵板燒界，少有主廚能像葉清雄對醬汁做到如法式料理般講究。緊接而來的海戰車更教人驚豔，野生海戰車可不是天天有，想嚐鮮還得憑

主廚為每道食材研發獨創鐵板手法。

讚鐵板燒
add 台北市士林區承德路四段192-1號B1
tel 02-2880-1880
time 11:30~14:00、17:30~22:00。
price 鐵板燒套餐1,800元起
web www.zan-matsutou.com.tw

鹽燜活鮑佐香檳松露醬，松露給得毫不手軟。

運氣，葉清雄使用南瓜醬汁為底，再毫不手軟地淋上吸飽香氣的油漬黑松露碎，最後放上多一分則太生，減一分則過老的板燒紅戰車。無與倫比的輕彈口感中飽含鮮蝦甘甜，溫潤的南瓜包覆舌尖，時而竄出黑松露的燦爛香氣，喧賓卻不奪主，充分襯托海戰車的鮮美滋味，讓人如店名一般讚不絕口！

另一道招牌菜活鮑魚則充分展現主廚功力，活鮑覆蓋新鮮昆布，再覆上粗鹽粒，以燜蒸的方式逼出鮮味，搭配松露汁白酒醬。鮑魚彈牙不咬口，隱約竄出的昆布香，增加味覺層次，此時若能再啜飲一杯富含礦物質與果酸的清涼白酒，更是絕妙享受。

讚鐵板燒提供的不只是頂級美食，時尚典雅的用餐環境中，包含著台式鐵板燒特有的海派與熱情，魚子醬、松露、香檳等高級食材給得痛快，而賓至如歸的待客之道更讓用餐氣氛大為加分。透過鐵板，人與美食之間有了交集，經由葉清雄主廚畫龍點睛，讓這場盛宴成為回想起來嘴角都會上揚的美好體驗。

part 3

今晚，台北覓食
星光下的味蕾饗宴

無國界料理、創意台菜、精緻歐陸美饌……

華燈初上，星空閃爍，

華麗繽紛的味蕾饗宴才正要展開。

大地橄欖沙拉，佐以百年歐洲老花盤，更添百花齊放的繽紛感。

飲饌的時空旅人 香色

踏入香色之前，你可能永遠不知道，在台北鬧市中，竟隱藏著如此綠蔭繽紛的幽深祕境。輕敲斑駁的藍色大門，跨越時間與空間的隔籬，在菜色與人情薰陶下，親赴相約百年的祕密盛會。

text 李芷姍 photo 張晉瑞

人車罕至的寧靜巷弄，只聞枝繁葉茂的老樹婆娑作響，從古亭鬧區轉個彎，幽靜氣息彷彿讓人抖落一身都市塵埃。即便是土生土長的台北人，若非一探香色，恐怕永遠不會潛入這條經濟部國貿局後方的深巷。

不見招牌引路，只有一盞小燈帶領顧客來到緊閉的門扉。輕按電鈴，店家刻意營造的私宅空間讓期待感首先在心底發酵，然後在大門開啟，猶如法式鄉村的院落映入眼簾時升到最高點。

古拙的雕花木門內，是抽離自現實生活的古老光景。充滿歲月刻痕的長木桌排列樹蔭下，麥稈綑成方堆，與板凳、古椅隨意擺放桌前，庭石鋪

大門沒有招牌，需按電鈴進入。進入戶外庭院，有著宜人的鄉村氣息。

展，灑落一地的淡白。時間定格在百年以前，彷彿穿越來到十八世紀的法國鄉村，連吹送入庭院的薰風，也夾帶著普羅旺斯的香氣。

根植於生活的美學概念

拾級而上，推開老宅的落地拉門。木樑與手糊泥牆營造懷古氣息，老砧板、舊棉衣等懸掛牆上，彷彿置身老農夫世代居住的家屋。宅邸前身為教育大學宿舍，隨著教授們年事已高，小樓房早已人去樓空。店主 JIN 和 ZOE 在因緣際會下找到這幢擁有寬闊庭院的老房子。花費七個月光陰，從日本、歐洲、台灣等地找尋懷古老件，將內心醞釀許久的餐飲美學具象化。

來到這裡，猶如走進法國鄉間的老農家做客。

右／從座位安排到餐具擺設，都蘊含著美感。左／斑駁木桌、歐風餐具，用餐氣氛更有歐洲鄉間情懷。

「香色」在日本傳統色譜中，為人體的膚色。對JIN和ZOE而言，這是最貼近生活與本質的顏色，意味透過餐飲空間品其味、觀其色的全方位美學。香色同時也與歷經歲月磨蝕的原木色澤相近，JIN特別喜愛老物品獨特的溫度和手感。「我們鍾愛有使用痕跡的老物，每個刻痕與磨損都具有意義。」店長說。店裡每個擺設、燭檯、配飾都是JIN從歐日、台灣等地尋覓而來，七扇木門來自七個不同國家，而員工冬季制服使用古代法國農家的睡袍，厚實的棉質、柔韌的質地，彷彿訴說悠遠的床邊故事。

「許多斑駁、老舊，甚至是損毀的物品，在我們眼中卻擁有獨特魅力。」店長說。手作鹹司康盛放在苔痕斑斑的老青磚上，古雅馨香。咬一口，青蔥與起司香在口中流竄，帶些咬感的火腿塊泛著甘美香濃的油花，多咀嚼幾下才恍然大悟，原來是湖南臘肉來著。

與古董食器的邂逅

非科班出身的ZOE，料理有種信手拈來的靈

上／主人特別選擇用過的燭檯、不能坐的老椅子等使用的器物痕跡增加風味。下／手作鹹司康，是獨創的道地風味。

右／蓮藕汁加入檸檬的清新特調飲品，洋溢著鄉間小酒館的歡愉氣氛。左／亞洲風味櫻桃鴨義大利麵，以花椒橄欖油做底。

室內氣氛古色古香，充滿獨特魅力。

隨意佈置的角落，也很令人著迷。

室內用餐空間低調精緻，宛如「KINFOLK」式的美學主張。

氣。她以西式鄉村料理佐空間氛圍，但製作手法與食材並不拘泥，反而突破成規，從傳統料理汲取源源不絕的創意。亞洲風味櫻桃鴨義大利細麵，光從名稱看不出箇中端倪，唯有入口後那陣陣來電般的感覺，才發現花椒與橄欖油竟然如此合搭，搭配手炒油蔥與手剝土豆仁，三種香氣相互交馳，猶如閃電般引發迷人的味覺風暴。

抱持「老件就是要持續使用」的想法，香色每一套餐具都有故事。而那些以歐洲古董瓷盤盛裝的菜餚，彷彿也蘊染了生命力。大地橄欖沙拉以蓮藕、石蓮花等季節鮮蔬做主角，醬汁將紫橄欖去籽剁碎，加入鹽之花、橄欖油、帕梅森起司等，清爽可口，滋味十足，佐以百年歐洲老花盤，更添百花齊放的繽紛感。

夜晚的香色點上燈光，一改白日的枯淡素雅，而洋溢著鄉間小酒館的歡愉氣氛。ZOE為晚間菜單特別添上幾款下酒菜，不過最受歡迎的，還是開胃菜鹹肉舖，充滿刻痕的古董木板拿在手上沉甸甸的，上頭擺放包括紅椒、里肌與原味三種伊比利火腿、義大利的帕瑪火腿，以及橄欖、酸

上／老件與蔬果花草隨意擺置，更添農家氣氛。下／以伊比利火腿和帕瑪火腿組成「鹹肉舖」。

古董落地門進口之後，再加入窗框補強結構，並做仿舊處理。

豆、酸黃瓜等配料。搭配的麵包條找來百分之百台灣小麥手工發酵製作，歐式酒館中的台灣風味，就像麵包的質地般越嚼越香。

以美食為經，生活美學為緯，配合空間，佐以古色古香的餐具擺飾，JIN 和 ZOE 為顧客營造出有如劇場般的居食角落，在美學無形的烘托下，宴飲從味覺延伸到視覺與五感，簡素淡雅之中，其味也無窮。

香色
add 台北市中正區湖口街1-2號
tel 02-2358-1819
time 11:30~14:30、18:00~22:00，週六、日以及國定假日下午茶時段15:00~17:30，週一公休。
price 平均消費約700元
FB 香色 xiang Se

台灣食材感官新世界 MUME

三位系出名門的型男大主廚各出奇招，發揮精湛手藝，精彩演繹台灣食材。在名為 MUME 的魔法實驗室中，變幻讓人難以抵抗的美味魔力。

text 李芷姍 **photo** 李文欽

KANPACHI為紅甘的日文發音，採用義式生魚的手法。這道料理結合三位主廚的智慧。

穿越簡約設計的時尚吧檯，走過鐵灰色冷調性的用餐區，開放式廚房中，三位主廚正聚精會神地製作本月考題——魚料理。

這是餐廳 MUME 的例行挑戰，大廚們決定主題後，各憑本事發揮創意製作菜餚，然後像料理實境秀一樣端上桌評比，三票表決，得票數最高者出線成為季節新菜。任憑想像力天馬行空，對這群年輕主廚而言，既是廚藝切磋，更是把食材玩得淋漓盡致的最佳手段。

世界級名廚的遊樂場

這群年齡不滿三十歲的年輕主廚們，背後煥發米其林的熠熠星光。他們分別來自世界不同角落，兼責管理的 Richie 香港出生，從小移民加拿大，透過他的「勸誘」，終於將另外兩位主廚：澳洲籍的 Kai Ward、華裔的 Long Xiong 找來台灣。

Kai Ward 是澳洲公認第一名餐廳 Quay 的甜點主廚，也是與 Richie 共事將近五年的老同事。Long Xiong 為 Richie 在世界最佳餐廳丹麥

三位主廚來自不同國家與背景。由左至右分別為Long Xiong、Richie Lin、Kai Ward。

右／用餐空間採工業風的裝潢擺設。左／隨興佈置，讓用餐更有氣氛。

Noma同袍戰友，兩人從Noma「畢業」後，先在香港開設餐廳Nur，開幕半年即光榮摘下米其林一星。

三位世界級大廚匯聚台灣，讓MUME甫開幕就得到饕客青眼相待，而最難能可貴的，是餐廳不走高不可攀的金字塔頂級路線，而是以時尚歐風的餐酒館型態亮相。「好的食物何必要貴到一般人吃不起呢？」Richie說。餐點價格二八〇元起跳，輕鬆寫意的氛圍中，一杯酒，兩三道菜，即可享用世界水準的精彩美食。

問起Richie本月魚料理對抗賽的冠軍者為何？Richie微笑不語，端出這次的新菜色「KANPACHI」，這是以紅甘生魚片為主角，搭配金桔檸檬醋醬汁的爽口冷前菜。佐以醃小黃瓜、向農場特別訂購的香菜苗，以自製辣椒粉和炸台灣小米花點綴。

紅甘以日式手法處理，先用昆布和檸檬醃漬去腥，送入口中清彈脆嫩，溢出自然甜味。醬汁在清澄的金桔醋之外，自製三星蔥油與香菜苗刺激舌尖，彷彿從大海迴游到溪澗，清脆回甘，最後

右／輕鬆氣氛下，享受美食不需正襟危坐。左／玄關如同歐美的時尚餐廳，設計為吧檯等候區。

以青草氣息收尾。

「KANPACHI」其實結合三人智慧，難界定是出自誰的手藝。背景與概念不盡相同的主廚們能夠合作無間實屬不易，透過這道菜可以感受彼此的良性競爭，讓MUME走出自我個性。

「其實這是我在Noma學習到最有趣也是最刺激的烹調過程。」Richie說。在Noma結束實習之後，他進入Noma與哥本哈根大學合作的知名料理實驗室「Nordic Food Lab」工作，每個月包含實習生在內所有員工，都可以報名參加廚藝研討會，創意菜餚將在Noma所有主廚面前呈現、試吃，並接受批評指導。工作室內廚師們超過二十種國籍，光是一道地瓜，亞洲人和歐洲人做法便截然不同。「廚藝研討就像是料理密集課程，讓我的眼界和廚藝都大幅躍進。」Richie說道：「我們把這種做法帶進MUME。腦力激盪、做別人沒有做過的料理，就是最大的樂趣和目標。」

上／菜單只有薄薄一張紙，連菜色也簡單以食材命名。中／Richie希望透過餐點的影響力，改變人們的飲食習慣。下／鐵灰色冷調性的用餐區，彰顯時尚風格。

豔綠色的自製茴香油，為餐點PRAWN營造風味。

台灣食材的當代演繹

MUME 有將近九成的食材來自台灣，如此驚人的數字，表現出主廚們對台灣食材的高度評價。種類豐富兼容山海的台灣優質好食，其實正是 Richie 不選擇香港或上海等國際大都會，落腳於台灣的主要原因。

「台灣真的是被低估了。」Richie 為台灣餐飲抱不平。分別在世界各地見識過料理界的頂點，三位主廚來到台灣後，卻為了各種前所未見的食材驚訝不已。「很多食材在台灣之外是根本看不到的。」Richie 說：「比如說晚香玉筍，原住民的山蘇、馬告都非常特別，連芭樂都有七、八種品種，能發揮的創意實在太多。」

搭配牛肉的醬汁，使用菜脯、馬祖蝦油、醃洋蔥和高湯調製，熱前菜「PRAWN」嚴選基隆港野生明蝦清蒸處理，配菜為海蘆筍、毛豆、茴藿香，以自家發酵的法式酸奶統合味覺後，再淋上濃綠色的油醬──使用台灣土茴香，加入橄欖油過濾而成的自製茴香油。

看到熟悉的鄉土食材紛紛出籠，內心有些忐

甜點Orange結合茂谷柑優格與液態氮冰沙、新鮮椪柑、台灣柳橙冰沙等材料，層次極為豐富。

MUME
add 台北市大安區四維路28號
tel 02-2700-0901
time 18:00~00:00，週一公休。
price 前菜（SMALLER）280元起、主餐（BIGGER）480元起、甜點（SWEETER）280元起。
web www.mume.tw

極簡門口散發北歐風格。

忑，懷疑這種搭配是否玩過頭，讓料理變得四不像？實際品嚐後心中大石馬上放了下來，彈嫩鮮蝦肥美而鮮明，茴香油的濃烈香氣喚醒味蕾，然後消失無蹤，留下酸奶清新芳醇的尾韻。當代歐式料理的架構下，台灣食材醞釀溫暖的南島情調，絲絲入扣，教人回味無窮。

「在地風格無法搬到國外複製。」Richie說：「打造唯有在台灣才吃得到的餐廳，才有來此開店的意義。」

有些餐廳之所以成為傳奇，在於端上桌的料理不但滿足了味蕾，更打開顧客視野，走入口腹之慾以上的感官新世界，而MUME無疑就有這種潛力。三位大廚為台灣食材找到世界的定位。接下來還會有什麼前所未有的味覺體驗，讓老饕與食客們個個睜大了眼睛，引頸期待。

食不厭精，海派滬菜新美學 夜上海

台灣飲食界近來星光熠熠，來自香港的夜上海餐廳帶著二〇一二年米其林二星、二〇一三年到二〇一五年米其林一星的光環翩然落腳信義區，以低調優雅的姿態，猶如半遮面的東方美人，召喚老饕們踏入新派滬菜的絕代風華。

text 李芷姍 photo 李文欽

馬賽克地磚鋪陳一地的低調奢華，原木帳檯訴說著往日情懷，由設計大師季裕棠操刀，夜上海餐廳瀰漫宛如東方文華般的優雅華麗，讓人回想起那段歌舞昇平的流金年代。

多層次的空間規劃呈現柳暗花明的驚喜，入口是宛如珠寶般精美的巧克力櫃，台灣茗茶手工製作的「茶古力」勾引食慾。穿過巧克力的誘人甜香，寬敞小吃部讓視覺豁然開朗，牛皮對椅與牆上的老照片，譜寫出十里洋場的時代主旋律，而古董擺設與水晶器皿，則透露出另一種，屬於米其林的輝煌。

入口處是以台灣茶葉製作的茶古力展示櫃。

用餐空間設計優雅，蘊含著老上海韻味。

誘人的巧克力就在入口處的展示櫃。

典藏版極品滬菜

時代背景加持，台灣不乏出色的上海菜餐廳，由香港大廚演繹的上海菜究竟有什麼能耐，能夠征服米其林老饕的胃口著實教人好奇。「我們不走本幫菜，而是兼容並蓄的海派風格。」主廚黃錦鴻說道。從摘星的夜上海九龍本店跨海來台，有著娃娃臉的黃錦鴻肩負台灣店金字招牌，自在揮灑滬菜精髓，賦予新時代的演繹，乍看眼熟，味覺體驗卻峰迴路轉、耐人尋味。

滬廚功力首先從小點看起，第一道上桌的「煙燻黃魚」，五兩黃魚一尾巴掌大小，魚尾輕擺，彷彿在盤中自在悠游。魚身被普洱與糖色燻得油

煙燻黃魚造型雅致，栩栩如生。

紅燒原條牛肋骨入口滑嫩，滋味香濃，完美演繹濃油赤醬的上海菜特色。

右／能與多位親友共享上海美味的圓桌。左／馬賽克地磚鋪陳一地的低調奢華，透露屬於米其林的輝煌。

亮潤黃，動靜之間極為賞心悅目。傳統菜餚在此曼妙地轉個彎，形與意保留老菜色彩，卻更為細緻優美，魚肉油潤滑口，齒頰留香。

菜單八成從本店移植，兩成則是總廚曾梓銘與黃錦鴻寫給台灣的情歌。使用本土食材，大廚們為聖女蕃茄、愛文芒果梳妝打扮，變身風姿綽約的上海美人。「蕃茄脆沙律」豔紅小蕃茄矗立盤中，模樣可愛討喜，殊不知裡頭暗藏玄機，蕃茄挖空鑲入沙拉與炸油條，外層淋上香檳果凍，在彈丸般的大小中潛藏驚喜，接下來的餐點又會帶來些什麼？讓人引頸期待。

濃油赤醬的上海菜特色，透過「紅燒原條牛肋骨」華麗演出。牛肋骨去除多餘筋肉和肥油，只取中段肉質最完美的部份，以香港捧來的蜜汁老滷，加上特製磨豉醬細火燉煮。「這道菜有點潮州滷水的風格。」黃錦鴻笑道。紅燒汁色澤豔麗豐潤，筋軟肉糯，同時汁香滿溢，讓人聯想到銷魂的深吻，其韻也無窮。

泡飯是上海的平民早餐，而夜上海的泡飯聲、色、香俱足，感動極為立體。台灣蓬萊米與泰國香米混合，入九成油溫的鍋中四十五秒炸出金橙米花，另一廂蟹殼、黃魚與蝦殼熬煮極其鮮濃的高湯。上桌時投入米花，讓香氣隨著蒸煙與「滋滋」聲迸發，由於飽吸湯汁，每一粒米都是飽滿

上／泡飯米香飽吸高湯，怎麼也吃不膩。下／五彩繽紛的前菜冷盤，讓人食指大動。

生煎包底部焦香脆口，表皮有彈性，講究內餡與皮的完美比例。

菘子雞米配叉子燒餅，巧妙搭配家常風味，令人回味無窮。

金黃，濃湯潤口，米香料鮮，加上藏在湯中的爽脆榨菜、香菇、肉末與蝦仁，一時竟停不了口，大吃三碗，回想起來嘴角還會帶笑。

上海點心耐人尋味

酥脆餡餅、飄香湯包伴隨著熱氣上桌，暫時放下矜持，此刻是搶鮮熱食，彼此分享的歡樂時光。手工點心秉持港點優良傳統即點即蒸，生煎包也是在餐期前現包，皮鬆底脆餡料飽滿，湯汁也講究比例原則，萬不可浸潤餅皮壞了口感。

傳統點心向中國點心大師葛賢萼取經，再賦予更精緻的靈魂。「黃橋燒餅」拇指大小，櫻桃小嘴輕巧入口，鬆脆雅致。八寶飯先以花雕酒浸泡黑棗，紅豆餡清甜中沁出一抹桂花幽香，在團圓喜慶的傳統菜色中，添加婉轉風範。

另一道讓人折服的精彩之作，還有「菘子雞米配叉子燒餅」，這道菜可以說是化家常菜為不朽的傑作。松子與雞米、馬蹄快火爆炒，塞入中空香脆的叉子燒餅享用。餡料鑊氣飽滿，清脆松子與甜香雞肉在舌尖跳舞，燒餅酥如羽翼，在口中化成千萬片，哪還顧得了形象，大快朵頤的痛快真非筆墨所能形容。

甜點西學為體，中學為用，「香蕉酥皮餅」酥炸腐皮夾入鮮水果，創造媲美千層酥的輕盈口感，「香薑奶凍」在奶酪中加入薑汁，充分展現廚藝團隊巧思。

唱過一晚夜上海，充分感受到「食不厭精、膾不厭細」的優雅美學。悠游於滬菜之林，神遊潮粵菜系，並加入國際視野，如同黃錦鴻師傅所言：「來到夜上海，吃過一定會記得。」

夜上海
add 台北市信義區松高路19號 新光三越A4 5F
tel 02-2345-0928
time 11:30~14:30、18:00~23:00。
price 平均消費約700元
web www.elite-concepts.com

八寶飯加入酒釀黑棗，味道醇香不膩，與綿密的豆沙內餡十分合搭。

上／香薑奶凍在奶酪中加入薑汁，充分展現廚藝團隊巧思。中／香蕉酥皮餅，用腐皮創造千層派的輕盈口感。下／甜點是讓人眼睛一亮的西式風味，再加入東方食材特色。

來自托斯卡尼的歡愉盛會 Taverna De' Medici

一間只有四十個座位的餐酒館，遇上一位坐鎮五星飯店的世界級名廚。原寒舍艾麗義式餐廳主廚Riccardo Ghironi另起爐灶，率領原班人馬落腳民生東路住宅區，以傳遞幸福的傳統托斯卡尼菜餚，掀起台灣義式料理的文藝復興新浪潮。

text 李芷姍 **photo** 周治平

來自義大利的主廚，以五星級手腕烹調家鄉菜。

離民生商圈一路之隔，相對靜謐的住宅區中，洋溢現代感的洗練餐酒館低調誕生。「歡迎來到我的餐廳。」主廚 Riccardo Ghironi 熱情迎接，淡淡的溫暖，不張揚的親切，對了，就像托斯卡尼熱情卻又不灼人的太陽。

四年前被餐旅品牌大師蔡辰洋遠從義大利米蘭挖角到寒舍艾麗擔任主廚，Riccardo Ghironi 以精湛的烹調技巧，打響義式餐廳 LA FARFALLA 的名號。Riccardo 人生經歷萬分精彩，擔任過職業軍人，也任職米蘭四季飯店、歐洲名人俱樂部等高級飯店主廚，征服過無數老饕的刁鑽口味，更讓吃遍美食的蔡辰洋夫婦大為心折，想盡辦法

現代風格的餐廳，從吧檯區可以看見廚師們烹調的風景。

將他請來台灣。

與飯店約滿後，Riccardo 因為一個轉念，加上對台灣治安與人情的美好印象，決定留在台灣，與長期合作的台灣副主廚王辭杰（Jesse Wong）共同打造理想餐館。拋開飯店的包袱與拘束，兩人回歸義大利傳統，以 Riccardo 自己家鄉托斯卡尼菜餚為出發，帶來蘊含靈魂與情感的傳統義式滋味。

嚐一口，托斯卡尼的風土

厭倦了許多餐廳食材錯置，烹調方式異想天開甚至到錯亂的程度，Riccardo 企圖在自家餐館撥亂反正，傳達真正道地的義大利風味。「每個地區無論烹調方式、食材都有其地域背景，托斯卡尼菜就該以橄欖油為主，起司、香料也都不該為了省成本而亂用一通。」Riccardo 說。

義大利國民美食千層麵，在此使用 Riccardo 家傳菜譜的傳統做法。白醬以橄欖油取代奶油製作，清爽中有著青草香，肉醬依古法使用偏瘦的豬牛混和絞肉，加入香草、洋蔥、蕃茄等，再以

傳遞正統托斯卡尼風味的義式千層麵，道盡主廚Riccardo的料理哲學。

五小時慢火熬煮，直到味道融為一體。方正硬挺的千層麵不結浮油，肉末細膩，與白醬、麵體層層交疊。肉醬不僅不乾柴，品嚐入口，滑順中香氣濃郁得無以復加。鹹度與口感完全不媚俗，每一口都帶著力道，搭配紅葡萄酒，更是難以言喻的美妙。

一道菜道盡 Riccardo 的料理哲學，難怪許多老主顧就為了這盤千層麵，硬是跟著主廚來到了新餐廳。

位於義大利中部的托斯卡尼，自古以來就是富饒的魚米之鄉，料理手法兼容南北之長。十四世紀起麥地奇家族將佛羅倫斯發展為世界上最富有的城市，帶動襲捲世界的文藝復興狂潮，而托斯卡尼也成為了義大利的美食重鎮。

出身於托斯卡尼西北部的小鎮，Riccardo 駕馭家鄉菜色可說是駕輕就熟，他以料理訴說家鄉的點滴故事，品味盤中佳餚，彷彿嚐盡各地風土，在口中產生美妙的化學變化。

「傳統盧尼賈納『特斯特羅莉』麵疙瘩」是餐館的獨家料理，麵疙瘩以玉米粉製成，做成像可

上／沙拉擷取自托斯卡尼的田園農產，是皇后的私房菜譜。下／義大利農夫燉飯，結合鮮脆蘋果、煙燻斯卡摩薩起司、炭烤杏仁。

右／主廚自製香料酒，還挑戰台味十足的枸杞酒。左／店內擺設來自主廚巧思。

麗餅一樣的薄片後，混合橄欖油與起司，或者青醬、蘑菇蕃茄醬享用。麵疙瘩從盧尼賈納區的迷你家庭工廠空運來台，過去當地人多以牧羊為主，他們隨身帶著扁鍋子與麵疙瘩，就地生火烹煮，輕鬆烹調出熱騰騰的美味。帶些發酵香氣的麵疙瘩，和百分之百手打青醬混合，那甜羅勒與橄欖油的氣息與玉米餅融合，美好得讓人念念不忘，很難不上癮。

食材好，什麼都對了

文藝復興時期麥地奇家族的菜餚，也走入梅帝騎小酒館中。混合蘆筍、鵪鶉蛋、紫洋蔥、墨角蘭、百里香、帕瑪火腿等近十樣食材的梅帝騎沙拉，源於十六世紀末期嫁入法國皇室的凱瑟琳．德．麥地奇皇后私房菜譜。從佛羅倫斯千里迢迢來到法國，皇后對油膩的法國料理總覺得不太合胃口，某天她命廚子製作自己家鄉的味道——使用大量季節蔬菜，洋溢田園風味的佛羅倫斯沙拉。結果連法國國王也讚不絕口，愛上了這爽脆的滋味。

玉米煎餅製作盧尼賈納麵疙瘩，搭配的青醬是鄰近城市利古里亞的名菜。

沙拉的調味很簡單，只用橄欖油、蜂蜜、黃檸檬和鹽而已，但因為蔬菜選料優質，橄欖油更使用最高等級，讓沙拉簡單卻不平淡、輕爽而不夾水，蔬菜本色躍然舌尖，充滿生命力。

傳達故鄉滋味，Riccardo 對食材要求極為嚴格，非最正統的不用，進口帕梅森起司更是用起來毫不手軟，以至於食材成本比多數餐廳要高上至少一成。所幸餐廳的股東之一是食材商，加上位置避開黃金地段，讓餐點能夠以平易近人的價格推出。「我們的初衷，就是希望顧客能沒有負擔，沒事常來餐廳喝點小酒，品嚐真正道地的義大利好料。」Riccardo 解釋道。

其實食材只要對了，這料理就成功了一半，像是提拉米蘇家家會做，但又有多少人能夠像 Riccardo 一樣堅持用義大利原裝馬薩拉酒，搭配最高品質的馬斯卡彭起司呢？梅帝騎的提拉米蘇不用鮮奶油，輕飄飄的，極為綿柔滑潤。

平實的鄉土菜色中，蘊藏五星級的手腕和堅持。這裡以如假包換的托斯卡尼佳餚，讓顧客味覺文藝復興，迷戀上義式餐酒館的美食狂潮。

提拉米蘇口感綿柔，十足銷魂。

Taverna De' Medici 梅帝騎小酒館
add 台北市松山區民生東路五段237號
tel 02-2760-0091
time 11:30~23:00
price 平均消費約700元
FB Taverna De ' Medici 梅帝騎小酒館

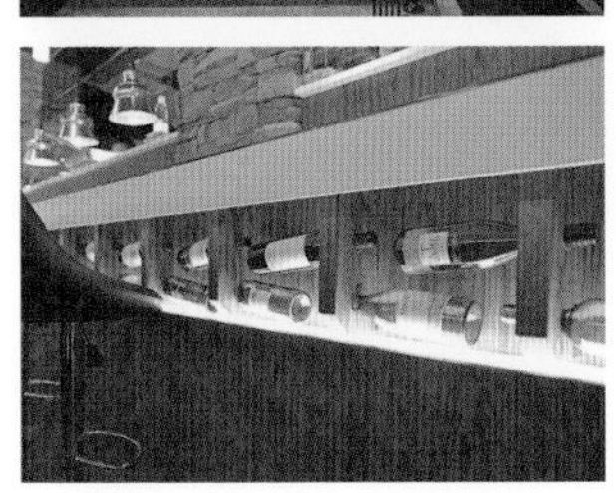
上／餐廳在民生社區外圍。下／吧檯座位藏了酒瓶當裝飾。

回甘的茶色饗宴 Fancalay 美好的

當代冷冽的西式餐廳內，暗藏款款茶香。以台灣茶入義法料理，將台灣人掛在嘴邊的「吃茶」具象化。Fancalay 美好的餐廳行政主廚陳湘源的空前實驗，為淵遠綿長的台灣茶碰撞出美麗新境界。

text 李芷姍 photo 呂剛帆

台灣高山繚繞的氤氳中，孕育著世界最頂級的綠茶。觀其色、品其香之餘，以茶入菜，似乎為料理帶來更回甘的想像空間。

千百年來大廚們絞盡腦汁，試圖將茶香融入明火大鑊烹調的餐點當中，炒茶菁、浸茶湯、揉茶粉……試盡各種法門，只為在蒸騰熱氣捕捉幾縷幽然茶韻。

設計旅店 Home Hotel 大安店，以 MIT 精神為經緯，餐廳「Fancalay 美好的」集合廚藝與本土文化，選擇台灣茶為主角，大膽結合義法料理，研發出嶄新風貌的創作茶餐。

Fancalay美好的餐廳，就位在設計旅店Home Hotel大安店裡。

Fancalay為阿美族語「美好的」意思，透過美食傳達台灣的美好。

香煎圓鱈佐新鮮蕃茄包種醬，以金萱化解圓鱈的肥腴，馥郁的海鮮味變得清新雋永。

香煎烏龍烤明蝦，將重口味的烏龍與明蝦結合。

魚鮮與茶香的圓舞曲

以茶入西餐，同時還必須彰顯台灣茶特色，接下艱鉅任務的行政主廚陳湘源開始一連串的料理實驗。他露出苦笑：「為了研發這套茶餐，真不知道失敗了多少次。」歷任亞都麗緻、六福皇宮等五星飯店主廚的陳湘源，這會兒重新歸零，跟著茶老師特訓，金萱、烏龍、包種、紅玉……從學習品茗開始，依照每款茶的特色，思考與菜餚搭配的各種可能。

找尋台灣茶與料理之間的黃金組合，陳湘源的方法很簡單：準備一鍋高湯，以及五到六種台灣茶，用舌頭反覆嘗試再嘗試。味覺不會騙人，陳湘源漸漸掌握到以茶入餐的法則，一筆一劃寫下前所未有的私房配方。

「台灣茶味甘甜，和海鮮、雞肉類分外合搭。」他說。海產的鮮美與茶的甘甜融合，恰好創造出理想的醍醐味。陳湘源精神一振，創作靈感源源不絕湧現腦海。

清甜的澎湖大明蝦使用烏龍添香，先以歐式做

右／Home Hotel客房內的茶具與杯墊，都使用台灣設計作品。左／Fancalay美好的餐廳，以台灣茶入西餐。

法香煎，接著腦筋動到日本傳統的海膽醬燒，自製美乃滋加入烏龍茶粉拌勻後，塗抹在蝦上炙燒入味。「烏龍茶一定要先炒過再磨粉，否則味道出不來。」陳湘源強調。蝦肉緊實的口感，與油潤的美乃滋醬水乳交融，深黑烏龍茶粉儘管初看不甚美觀，但那茶香帶來的輕盈尾韻，終究讓人感到心服口服。

一加一大於二

另一道主菜阿薩姆鮭魚，則是香氣的捉刀對決。挑選油花豐厚的鮭魚切成骰子狀，台灣阿薩姆直接磨粉上場，鮭魚先煎到外酥內嫩，起鍋前灑茶粉拌個幾下即大功告成。建議趁熱享用，捕捉茶香最奔放四溢的青春年華，感受油花與茶氣在口中流淌的美妙。

經典西式料理在高湯與葡萄酒的諸般變化之外，如今增添「茶香」一味。傳統野菇湯加入金萱茶泥，金萱特有的牛奶清香融入湯中，創造出前所未有的滋味。頂級食材圓鱈配上最優質的文山包種茶，圓鱈採法式香煎，油潤甘甜，在舌間創造極為奢侈的豐美口感。醬汁以蕃茄去皮熬煮四小時，打成糊狀後調入鮮奶油，最後與包種茶

上／由茶師精選台灣好茶，感受台灣的品茗文化。下／燻鮭魚也是花費4到5天功夫手工低溫燻製。

台灣阿薩姆香烤鮭魚，使用生食等級的肥嫩鮭魚。

義式蟹肉干貝金萱燉飯茶香突出，別具風味。

濃郁滑口的野菇金萱濃湯，在西式濃湯中創造前所未有的茶香滋味。

Fancalay 美好的
add 台北市大安區復興南路一段219-2號（Home Hotel Da-An 大安）
tel 02-8773-9000
time 6:30~凌晨1:00
price 桌菜6,000元起（6人）
web www.homehotel.com.tw

Home Hotel大安店以原民文化為主題，與多位台灣藝術家合作。

泥混合，圓鱈的油膩感被蕃茄的酸度化解，而甘醇潤滑的包種茶香，則讓馥郁的海鮮味變得清新雋永，把口感提升到下一個層次。

「茶料理最難掌握的就是比例，加太少沒有茶味，太多又顯得苦澀難入口。」陳湘源說。而「義式蟹肉干貝金萱燉飯」，則可說是完美比例的最佳代表。這道色澤暗沉的燉飯視覺不太起眼，不過味覺上卻最教人驚豔！海鮮高湯與金萱茶泥結合，從生米炒成你儂我儂的義式燉飯，搭配北海道干貝與蟹管肉增加口感。高湯的濃郁、干貝的甘美、阿里山金萱的奶香與花香，有如喝茶時的前、中、後味。飽吸海鮮高湯的米飯中，揮之不去的金萱清香縈繞齒間，當真達到齒頰留香的效果。

尋找西餐與台茶的無限可能，陳湘源的挑戰仍在持續著。平心而論，這項挑戰不見得百分之百完美，要找到色香味平衡的醍醐味本非朝夕可達。不過陳湘源的創意著實讓人精神一振，在熟悉的西式料理架構下帶來無限的想像空間，吟味之餘不單是味覺，連心靈也覺得回甘呢。

台菜的品格 富錦樹台菜香檳

在熱炒與濃香之間，
熟悉的台灣風味是否還存其他可能性？
作為都會綠生活的代言人，富錦樹從咖啡、家飾跨足台菜。
在金黃色香檳的映照下，
換個角度透視台灣料理的優雅真髓。

text 李芷姍 photo 呂剛帆

戶外庭園瀰漫綠意，繽紛花草從亞白牆垣探出頭來，在發現低調掛在牆面的店名之前，很難相信這是一家專賣台灣料理的餐廳。

法國香檳與台灣菜攜手，來自於富錦樹執行長吳羽傑有些任性的創意發想。由於經常接待海外品牌與設計師，吳羽傑每每為了尋找適合接待客戶又具有台灣特色的餐廳傷透腦筋。既然遍尋不著，不如自己開一間，選擇酒中之王香檳與台菜搭配，輕盈飽滿的香檳氣泡讓想像力昇華，而草根性強的台菜也有機會附庸風雅，在微醺中展現纖細嫵媚的另一面。

金沙汶萊蝦，使用汶萊藍鑽蝦酥炸，與鹹蛋黃拌炒，搭配爽口的甜豆角與杏鮑菇。

福爾摩沙的風味田園

與綠植共生向來是富錦樹的招牌，新開幕的香檳台菜也不例外，在傳統料理中吹起生機盎然的綠色之風。彷彿溫室花園一般的大面落地窗迎接午後斜陽，樹藤恣意地垂在角落，蕨類與松針紮成的樹球森林，在古董木質桌椅間低溜輪轉，一如萬物茂盛枯榮。

第一道菜色是與室內設計呼應的「季節風味果乾沙拉」，一大盤五顏六色的蔬果包含綠橡、紅橡、水芹、紅捲，自製爐烤鳳梨、楊桃、蘋果果乾，還有腰果、夏威夷豆等堅果，淋上黑芝麻蜂蜜醬攪拌均勻。「等一下，現在蜜桃正當季。」主廚蘇金枝邊說著，又拿出紅酒燉桃點綴幾抹嫣紅。豐盛味覺在盤上跳著圓舞曲，道盡台灣的季節風情。「前菜先讓人賞心悅目，慢慢咀嚼，越吃越讓人期待接下來的菜色不是嗎？」她笑道。

熟悉的蘿蔔燉牛腩加上中南部常見的土茴香，優雅變身「蒔蘿燒牛腩」。打開盤蓋，一縷蒔蘿的甜香首先竄出，和蒸氣縈繞瀰漫，刺激著食慾。台灣黃牛肉在此大放異彩，肉質軟嫩不澀，

復古田園風家俬與綠植優雅結合，營造舒適的用餐環境。

泡菜臭豆腐，豐腴的南瓜甜味與臭豆腐的酸香結合。

蒔蘿燒牛腩，講究色、味與香氣。

風味紮實的牛腩飽含蘿蔔清甜，讓人驚豔不已。與流淌的蛋黃拌著吃，嫩上加鮮，忍不住又多扒了好幾口白飯。

台味餐酒新體驗

向來被外國顧客拒之千里的臭豆腐，經過蘇金枝的流行詮釋，竟也成為人氣的必點菜色。喜愛藝術的蘇金枝這會兒從色彩發想，以流行不敗的璀璨金色讓豆腐黃袍加身。使用南門市場老字號萬有全臭豆腐，配上以日本種栗子南瓜製作的手工泡菜，豆腐的香檳金加上黃金泡菜的燦亮金，視覺配色讓人食指大動，輕鬆跨越臭豆腐的文化藩籬。同時南瓜泥包覆發酵食物的酸香，口感一脆一嫩相互呼應，讓吃慣臭豆腐的台灣人也豎起拇指叫好。

講究鑊氣的台灣料理其實本來就與氣泡類的香檳合搭，酒單中林林總總的紅白酒以及十二種法國香檳，彷彿不斷勸說老饕不妨打破成規，先從

富錦樹台菜香檳
add 台北市敦化北路199巷17號1樓
tel 02-8712-8770
time 12:00~14:00、18:00-22:00。
price 平均消費約700元
FB 富錦樹台菜香檳 at FujinTree

綠意繽紛的戶外用餐區，讓吃台菜也能享有身處南法的氣氛。

一杯香檳開始，解放身心享受創意台菜的感官新體驗。

設計菜單時蘇金枝也考量與香檳的搭配度，料理走清爽路線，重視口感層次減輕身體負擔，以收與香檳果香彼此提升的效果。一般台菜餐廳大量使用的蔥薑蒜被壓抑，改以食物原味突顯料理特色，像是「金沙汶萊蝦」，來自汶萊的無毒蝦本來就甜香宜人，肉質彈牙鮮美，加上中壢特選鴨蛋，油滑的鴨蛋黃和炸得外酥內嫩的蝦肉混合，不用再加什麼辛香料，食材本身即濃香酥鹹，讓人吮指回味。

「台菜香檳最初的目的，其實只是想創造一個可以輕鬆喝酒吃台菜的地方。」蘇金枝說。透過大廚精湛功力，重新檢視並建構在地料理的色香味，讓台菜也能吃得漂亮又道地。與香檳攜手使台菜魅力加分，微醺中的溫柔魅力擄獲海內外老饕味蕾。

牛排的華麗旅程 In Between Steak House

頂級牛排的製作，彷彿是從男孩到男人的蛻變過程，一段精彩的旅程，造就牛排的風味深度，如同英國紳士，舉手投足皆風采。

text 李芷姍 photo 呂剛帆

美國頂級乾式熟成肋眼，使用肉質最肥美的上蓋肉。

誠品行旅 In Between 牛排館，一如被磨得光亮的誠品招牌，餐桌上的誠品以牛排為主角，從對食材與在地環境的堅持，依然可見信手拈來的紳士風範。

從一塊平凡無奇的牛肉，到餐盤上鮮美多汁的珍饈，牛排必須經過一段漫長的旅程。從千里之外的牧場出發，幸運地牛排被伯樂相中，真空帶回島國台灣，然後在攝氏零度的熟成室中，像珠寶盒中的珍珠一樣以靜電除菌冷藏，直到二十一天後醞釀出熟成風味，才能取出切割。

慧眼視牛排的伯樂，也就是 In Between 的主廚張守義，他以精準眼光，運用煎、燜、烤等數

上／主廚張守義歷任五星級飯店，回歸食材原點創造兼顧健康與美味的料理。
下／位在誠品生活松菸店的In Between Steak House。

沙拉將台灣溫室蕃茄以手工風乾，搭配清爽的檸檬油醋醬。

道工法，掌握牛排的黃金三分熟度。三分熟往往予人茹毛飲血的印象，但在In Between經過乾式熟成的牛排卻能做到毫不滲血，外皮焦脆而肉質粉嫩鮮美，靠得全是數十年來累積的功力。

一條肋眼取不到一公斤的上蓋肉，在鐵盤中翩翩登場。肉色彷彿紅寶石般煥發光澤，趁熱品嚐，甜滋滋的油花與肉汁在口腔激盪，豐腴、醇厚、肥美，把所有對豐足的想像兜在一塊，稱它為牛排中的亞瑟王，當之無愧。

產地與餐桌之間

主角牛排遠渡重洋，但其實餐廳內超過六成的食材均產自台灣本土。張守義走遍台灣各地尋訪食材，而他更特別將目光放在小農身上，希望將小農種植的優質蔬果帶入精緻美食的殿堂。「你嚐嚐看這個陶立克菇。」張守義說：「這個是從南投農場特別找來的品種，一咬真的會噴汁。」靠著張守義精湛的料理技巧，成功拉進產地與餐桌的距離。

前菜「手工風乾蕃茄沙拉佐堅果襯檸香風味果

醋」，五彩繽紛的沙拉賣相首先就極為討喜。盤中新鮮的蔬果芽菜將近十種，全部是從台灣北部與南部兩區農場搶鮮供應。清脆的日本水菜、苦甜交織的塔菇菜、微酸的雪豆苗、爽脆的奶油萵苣、些許嗆辣的山葵葉……每種蔬菜都是鮮活而立體，混合後又組合成千變萬化的口感，耳中彷彿響起熱鬧的田園交響曲，春季的繽紛生機躍然舌尖。

下一道「雞肉澄清湯襯茴香鮮蝦餃」則呈現出曖曖內含光的紳士品格。湯體清澄金黃，晶瑩剔透中彷彿覆著一層薄膜，這正是富含膠質的證明。清高湯考驗廚師的功力與耐心，大量雞骨、蔬菜熬煮八小時後，再加入雞絞肉、雞蛋二度熬煮與過濾湯頭，最後的黃金湯只剩總量不到六分之一，蘊含雞汁與蔬菜精華，每一滴都彌足珍貴。搭配的蝦餃由師傅親手製作，義大利麵餃皮薄如紙，只為了透出鮮蝦淡粉的色澤。加入干貝、鮮蝦與魚肉的麵餃和黃金高湯融合成馥郁的美味，而一縷稍縱即逝的松露清香，更增添迷人尾韻。

右／台灣頂級噶瑪蘭盤克夏黑豚，以獨家靜電乾式熟成後炭烤。左／展現廚師技巧的雞肉澄清湯襯茴香鮮蝦餃，每一滴湯汁都彌足珍貴。

傳說中的盤克夏黑豚

近來台灣餐飲界掀起伊比利豬的火紅熱潮，然而在尋訪食材的過程中，卻讓張守義邂逅更勝伊比利豬的本土夢幻豬，獨特的甜味與膠質讓他驚為天人，想盡辦法也要帶回廚房。

讓張守義一見傾心的，就是在宜蘭牧場養殖的盤克夏黑豚，在依山傍水的噶瑪蘭養育長大，肉質甜美中帶有橡木氣息，而油花與膠質營造口感的完美比例。張守義取帶骨肋眼的部位經過乾式熟成，先在鍋中逼出多餘油脂，再入烤箱以高溫封存肉汁，完成的豬肋排搭配香料生蠔醬汁以及三種夏威夷鹽，讓人讚不絕口。豐富膠質讓豬肉彈中帶Q，而且完全不油不膩，咀嚼中蜜香與蘋果香氣繚繞舌尖，徹底顛覆對豬排的想像，特別是細膩清爽的口感一舉打中女性喜好。

在品味與美食、產地與餐桌之間，張守義透過味覺的旅程，展現出有如紳士般不慍不火、內斂紮實的味覺風範。經典牛排與小農鮮蔬完美平衡，在兼顧健康與美味同時，也呈現出「誠品製造」的不凡氣度。

餐廳整體空間大量選用紅磚與磨石子等台灣傳統工藝。

In Between Steak House
add 台北市信義區菸廠路98號誠品行旅2樓
tel 02-6626-2882
time 11:30~14:30、18:00~22:00。
price 晚間套餐1,880元起
web www.eslitehotel.com/restaurant/in-between

老城新饌，台味洋食 知貳茶館

過去的迪化街是交通樞紐，不光是商業氣氛活絡，亦是人文薈萃之地，在這裡，各式各樣的人、各型各態的文化交融亦互相影響，在地文化也從這裡而來，迪化街也曾是時尚潮流指標。知貳茶館不想要只是延續這裡舊有的形象，而企圖顛覆傳統——做台味，卻不是台菜。

text 廖弘欣 **photo** 吳榮邦

在一條很有故事的街，做一道道很有故事的菜，知貳茶館經營者 Rolf 口中的台味，不再只是味蕾的挑釁或衝擊，更是滋味深處那近乎鄉愁的歲月如常，經久沉澱而早已被我們遺忘，但本應無所交集的兩個個體卻發現在這座城市的某個時空裡，原來還儲存了共通的情感經歷，經味蕾觸動而不經意地脫口思念的時候，彼此都能會心一笑。

台味記憶

「辣味雞肉餅」以墨西哥口袋餅為原型，採用台產半放走雞的雞胸肉，鮮嫩彷彿里肌，香菜與

知貳茶館的牆上，寫滿產地直送的新鮮貨。

藍酪翼板牛，以台味法菜向百年大稻埕致敬。

辣味雞肉餅，指標級台味「廣達香肉醬」反攻法式小酒館。

起司勾勒出鹹香的野性，讓人停不下來的街頭美味泉源卻來自一個似曾相識的味道，「是廣達香肉醬。」Rolf 笑得很得意。掀開餅皮，果然看到一層至薄的肉醬，便是這神來一筆將撒野的滋味都趕回家，記憶起這個雨不停國裡的點滴滿足。

一嚐「高粱豬肉堡」，七瘦三肥的豬絞肉摻入五香與高粱，製作而成的漢堡肉焦酥彈牙、肉汁充盈，高粱的香氣更勾動出 BBQ 醬的燻烤滋味，讓嗆辣酒香勾一點肉汁的甘美、引一點醬汁的香甜。漢堡向來的基本要義就是肉汁、肉汁、肉汁，一口咬下清脆腸衣肉汁便迸散四溢的香腸不也如是？

「台味法菜」不是單純的仿擬台灣味，而是在味蕾中尋求記憶的認同，兩造滋味、層次彼此呼應，最終將起承轉合連結成立體的感官享受，方構成風格。這裡是法式料理的大廚做出來的台灣味，是大稻埕茶館變身成的小酒館（Bistro）。它的台味不是台菜，而是台味記憶。「我們的台味法餐看似天馬行空，實則都是以傳統法餐的工法與精神，將想像與滋味做連結。」Rolf 說道。

上／帶點童趣的餐廳招牌。下／溫馨的用餐空間一角。

菜脯雞肉派，傳統法餐工法配上老奶奶的陳年菜脯，老滋味相濡以沫。

曾服務於亞都麗緻大飯店28年的資深法廚王業主廚，人稱王爺。

以「菜脯雞肉派」這道菜來說，便是用花蓮老菜脯與全雞以法式高湯的製法熬製成高湯凍，待濃縮成琥珀色後放涼成湯凍，數十小時的工夫只為了加進馬鈴薯泥裡提鮮，爾後將馬鈴薯泥與雞肉堆疊四層再以酥皮包裹進烤箱，最後淋上菜脯高湯凍醬汁。外型像咖哩餃的菜脯雞肉派，輕輕一咬，香濃的馬鈴薯與酥脆的派皮溫柔包覆舌尖，雞肉伴隨咀嚼滲出鮮甜，綿密柔滑包裹著汁豐味鮮，輕揚滑順的餘韻裡卻透著老菜脯鹹鹹甜甜的回甘。若不是連小細節亦是錙銖計較，怎會連小滋味也有大氣派？

紅麴豆乳羔羊，紅麴豆腐乳醬將羊菲力的酥嫩鮮野極大化。

破布子天使蝦，更添另一種醇厚風味。

右／焦糖蜂巢糕，以發糕的概念創作，滋味輕盈質樸。左／山豬皮時蔬麵，以酸香Q彈的山豬皮為奶醬系義大利麵去油解膩，是知貳茶館的招牌之一。

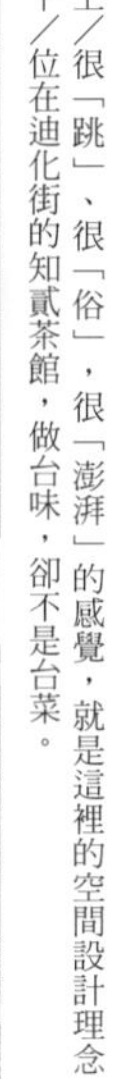

上／很「跳」、很「俗」，很「澎湃」的感覺，就是這裡的空間設計理念。
下／位在迪化街的知貳茶館，做台味，卻不是台菜。

知貳茶館
add 台北市大同區迪化街一段356-2號
tel 02-2557-9935
time 11:30~21:00，每週一公休。
price 平均消費約500元
FB 知貳茶館

法餐工法連結在地滋味

知貳的台味法菜最值得吟味的手法就在於以在地化食材替換重點元素：烤紅蝦淋上以白酒、鮮奶油、破布子與破布子汁燒燴而成的醬汁，醍醐甘味更襯蝦膏的甘腴豐肥，絲絲甘苦更添蝦的鮮美伴和著爽脆口感在齒間擊打出浪花，「破布子天使蝦」以家常破布子的壺底味為法系奶油醬汁增添另一種醇厚風味。更如「紅麴豆乳羔羊」，竟是以花蓮金品醬園紅麴豆腐乳製作醬汁。

馥郁焦香的羔羊菲力有了紅麴豆腐乳搭襯，不單豐盈的肉汁有了甜美的延續，野味也有了豆腐乳發酵味的延展，真正能夠享受柔軟香嫩的咀嚼快感同時、羊肉的原始野性也得以舒展而不是總是被壓抑。相較「藍酪翼板牛」雖然也是選用Prime級的翼板肉，藍紋起司醬就顯得表裡如一地沒有什麼懸念，只好讓紅麴豆乳醬越俎代庖地繼續服務一下翼板牛啦！

海鮮、蔬菜以及調味都盡量選用台產，是知貳台味的基礎。法餐傳統也講求在地食材演繹風土滋味，所以用台灣在地食材不單不是反骨，反而更像是一種返璞歸真。從個人故事出發、法餐工法連結、台灣味食材粉墨登場，看似嬉鬧的嘗試其實更像是遵循傳統故以潮流、堅不妥協以得美味，「什麼是台灣味？台灣在地食材做出來的記憶滋味，就是台灣味。」Rolf如是說。

以懷石盛宴犒賞自己 羽村はむら

一整天的工作辛勞，就該用一頓美味盛宴犒賞自己，讓身心盈滿幸福能量，以微笑迎向隔日。在這樣的時刻，羽村はむら的創意懷石料理將是最佳首選。

text 洪禎璐　photo 李文欽

以白木色為基調，加上挑高天花板、大面開窗，少許格柵元素搭配方形幾何線條，羽村はむら的空間給人年輕爽朗的感覺。姿態各異的木魚在牆上悠游，其下是高低起伏的海底山，暗喻著以海鮮為主軸的日本料理特色。

最吸睛的，莫過於中央架高用餐區裡，兩座由長方格交錯拼組而成、格子裡擺設多種日本陶瓷藝品的隔櫃。料理長羽村敏哉對陶瓷器情有獨鍾，因此店內的餐具都是他親自在日本挑選的工藝品，與精心製作的料理相得益彰，成就出一盤盤美麗的風景。

除了擺設木桌椅的架高用餐區外，店內還有靠窗的卡座沙發桌位、吧檯座位、富日本傳統色彩的包廂，各個區域散發出截然不同的風情，卻又能彼此和諧融合，讓人得以舒適自在地身處其間，放鬆享用餐點。

一菜一皿，每道都精彩

羽村先生在故鄉日本岡山市經營多家懷石料理餐廳，這次在台北開設的餐廳，要將在地食材運

中央架高用餐區裡的不規則方格櫃，讓店內充滿現代時尚感。

用在料理中。羽村先生說，像紅蘿蔔、白蘿蔔等看起來一樣的食材，嚐起來的味道和口感竟然都與日本不同，因此他處理食材的手法也會隨之調整。此外，台灣的漁獲種類和日本亦不盡相同，這點也會反映在料理菜色上。

羽村先生不固執於傳承守舊，憑著看到食材當下所激發的靈感，演繹出一道道兼具傳統風味卻不拘泥於一格的創意懷石料理。唯一的堅持是，不做讓顧客搞不清楚盤中是什麼食物的料理。

羽村はむら以供應包含前菜、湯品、生魚片、輕食、魚料理、肉料理、湯、御食事、甜點等八道菜的套餐為主，強調「一菜一皿，彼此不分軒輊」，每道都精彩。菜色預計每月更換一次，讓來客透過料理就能感受到季節的變化。

前菜是將鮑魚、車蝦、秋葵、白木耳放在土佐醋軟凍裡，上頭點綴浸泡過特調醋的食用菊花和炸得酥脆的春捲皮絲，是帶有微酸滋味的清爽料理。生魚片的主角是比目魚薄片包鮟鱇魚肝，清爽柔韌與濃郁香軟交疊出豐厚口感；一旁的花枝上刻劃了細緻刀紋，蘸上琥珀色的柚醋醬後線條

以土佐醋軟凍為主體的前菜，滋味清爽開胃。

在東元集團會長黃茂雄邀請下來台開店的羽村先生。

生魚片的主角是比目魚薄片包鮟鱇魚肝，口感豐厚。

烤馬頭魚佐糯米椒、水梨片，能同時享受三重風味及口感。

畢露，讓人不禁驚呼好美，厚實的鮮美風味也讓人喜愛。

烤馬頭魚則是羽村先生很喜歡的料理。馬頭魚先浸泡過水梨味噌醬後再炭烤，有著恰到好處的鹹甜滋味和焦香，口感亦軟硬適中；搭佐以鹽簡單調味過的糯米椒和點上酸梅泥的水梨片，能同時享受三重風味及口感。

融合台日食材與文化

炭烤菲力牛肉的火候掌控絕佳，有著入口即化的軟嫩度，令人頓時迷戀上這牛肉的美味，即使完全不蘸芥末籽醬，也不會覺得膩。一旁搭配的不是常見的炸蒜片，而是炸芋頭片和地瓜片，不僅盛盤更美麗，酥脆口感也與牛肉形成強烈對比；而浸過醋汁的去皮蕃茄，看似整顆完好，其實廚師已貼心切成塊，讓顧客能夠優雅地享用。

甲魚火鍋以昆布高湯加淡味醬油烹煮，飄散出熟悉的香味，湯裡只有甲魚肉塊和外層烤得微焦的粗蔥段，看似簡單，卻完整帶出台灣甲魚的美味，適合補身享用。

上／炭烤菲力牛肉，火候掌控絕佳。中／甲魚火鍋，完整帶出台灣甲魚的美味。下／風味雅致清爽的朴葉包飯。

羽村はむら
add 台北市南港區經貿二路66-3號1樓B室（南港展覽館站1號出口正對面，世正經貿大樓）
tel 02-2785-2228
time 11:30~14:00、17:30~22:00。
price 晚間套餐1,800元起
FB 羽村日本料理

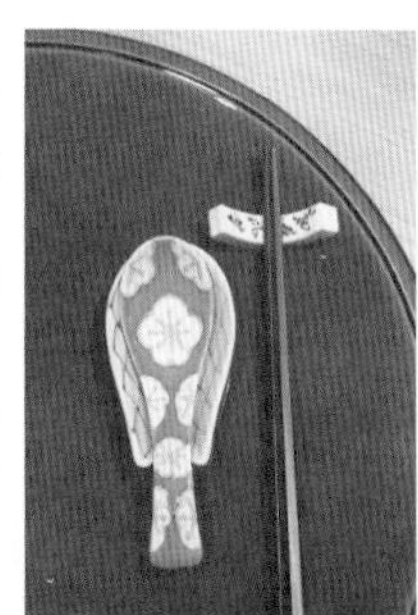

上／店內所有餐具都是羽村先生親自挑選的。下／姿態各異的木魚在牆上悠游。

朴葉包飯裡，是混合了鴻禧菇、白蘿蔔、紅蘿蔔的炊飯，搭配味噌風味的烤土雞肉，類似台灣常見的荷葉飯，但風味更加雅致清爽。

羽村先生的靈感來源是食材本身，端看眼前的食材給他什麼感覺，再決定料理方式，這難以言喻的「感覺」，想來是累積了三十年料理經驗後所培養出的精準直覺。但羽村先生並不因此自傲，懷著謙虛的態度學習台灣的食材及文化特色，並將之融入料理中，讓人敬佩之餘，也不禁期待著下個月推出的新菜色又會是什麼？

粵菜美學新浪潮 雅閣

作為香港最具代表性的頂級飯店，相信沒人會懷疑文華東方酒店處理粵菜的功力。坐穩金字塔頂端，服務過難以計數的政商名流，看慣最高風景的粵菜大廚們，開始一場由工筆轉向寫意的新浪潮運動。而與瓷器品牌法國麗固合作的「如意宴」，則是粵菜跨界的最佳展現。

text 李芷姍 photo 李文欽

圓墩墩的釉裡紅蓋碗，反射著溫暖的光暈，潤澤通紅的釉色難以移開視線，一如即將綻放的花蕾，引人無限遐思。打開碗蓋，一抹濃香竄出，碗內是澄澈金黃的鵪鶉清湯，伴隨著感動嘆息，在口中醞釀扣人心弦的滋味……

一道菜享盡視覺、味覺與嗅覺，在頂尖粵菜食府——文華東方酒店雅閣中餐廳，粵菜新浪潮正在發酵，透過環境、器皿與餐點搭配，將中菜提升至新的境界。

低迴優雅的長廊將賓客引入包廂，當代藝術打造時尚風格，穿堂入室，在厚重門扉的另一端，一場空前的饗宴正在上演。

與百年精品瓷器品牌法國麗固攜手，雅閣結合器皿與美饌，推出一餐限定兩組的「如意宴」。

益腦鵪鶉養生湯，以去骨鵪鶉加上豬肉、天麻、麥門冬等藥材用高湯熬煮，醞釀扣人心弦的滋味。

九宮格開胃小品，搭配圓碟器皿，呈現九種味覺層次，為法國麗固如意宴的招牌冷菜。

一頓飯用盡九十二種餐具

與百年精品瓷器品牌法國麗固（LEGLE FRANCE）攜手，雅閣結合器皿與美饌，推出一餐限定兩組的「如意宴」。套餐器皿由才華洋溢的華裔設計師 Peter Ting 設計，麗固執行長張聰與雅閣主廚黃天武等團隊花費十個月，不斷嘗試推敲菜色，找出器皿與餐點最完美的搭配，並將台灣食材融入菜餚中，為這場豪華饗宴賦予獨一無二的在地色彩。

這場精彩絕倫的美食大戲共使用九十二件餐具，價值達二十萬元。九宮格開胃小品揭開序幕，鉑金色方盤上乘載著九個色彩、圖樣各異的小圓碟，碟內使用台灣食材呈現清涼當季的開胃小點。

「九個圓碟象徵中國九大朝代。」黃天武說：「做這道菜最費功夫，必須考量色彩搭配，還要讓九道菜呈現味覺層次，達到開胃的效果。」從中間開始取用，天青色鈞窯盛裝起司酥炸龍膽石斑，先以石斑彈牙鮮美的風味打開食慾。

接下來與釉裡紅搭配的東港烏魚子配甲仙芋

上／古典優雅的用餐空間。下／隱密的包廂空間為政商名流宴客首選。

雅閣主廚黃天武。

頭，置放在手繪黃金上的豌豆燒賣，每道餐點都像是個小世界，彷彿打開五顏六色的珠寶盒，讓人欣喜不已。

食器一家，新粵菜美學

好奇心被勾引至最大後，高級食材接連上場。北海道干貝放上豔澤金箔，與藍色鈞窯寬金邊餐盤同時登場，腴滑彈牙的干貝淋上蝦味濃厚的醬汁，鎖在初熟乍鮮的完美狀態，干貝底下襯著蔭油米果，創意搭配讓人很難想像會是怎樣的味覺組合。送入口中後，不用多想，馬上又被脆嫩交錯的口感輕易說服。

雅閣空間典雅懷古，分包廂與小吃部。

乾煎北海道干貝，搭配蝦味濃厚的高湯享用。

「團隊之間彼此腦力激盪，衍生出許多有趣的創意手法。」黃天武笑道。此刻重頭戲關東刺參拌紅薏米上桌，白玉鑲金蓋碗襯以描金玉盤，不需多做解釋，就知道盤內呈裝的必定是最高級的珍饈。最高等級的日本關東刺參在碗內煥發晶瑩光澤，搭配花椒、干貝，在金色餐具折射下顯得無比動人。頂級刺參每一根尖刺都必須完美無瑕，為了呈現彈舌糯滑的口感，必須耗時四到五日，經冷熱水反覆泡發，再慢煨火腿高湯一小時有餘，把醇厚風味引出入其中。

黏彈誘人的刺參，盈滿膠質的滑嫩花膠，還有鮮甜肥美的干貝，在在顯示出黃天武經年累月練就的粵菜功夫，至於旁邊一小疊紅薏米香則打破傳統，在醇厚濃香中帶來意猶未盡的酥脆口感，讓味蕾重振精神，著實教人驚豔。

在如意宴之外，雅閣餐點也秉持食器一家的哲學，讓宴飲成為全方位的美學饗宴。主廚名菜廣式冬瓜盅、官燕焗蟹蓋特別請工藝家打造特製器皿，在餐桌上更添富貴華美的效果。另外，名稱很可愛的「禮物常常有」，將和牛切成薄片，在裡面包入羊肚菌、松茸等蕈菇碎末，最後淋上松露醬，食材就像是一件立體的藝術作品。

賞器皿、鑑美食，的確就像打開禮物包裝一樣，無窮的創意與多元藝術呈現，讓粵菜不再只是大魚大肉，宴飲本身即為至高無上的享受。

上／做成泡飯形式的東石青蚵客家菜脯粥。中／名稱很可愛的「禮物常常有」，淋上松露醬，就像是一件立體的藝術作品。下／廣式冬瓜盅，找來台灣師傅打造專屬銀器。

雅閣

add 台北市敦化北路158號3樓（台北文華東方）
tel 02-2715-6788
time 12:00~15:00、18:00~22:00。
price 套餐每人2,500元起
web www.mandarinoriental.com.hk/taipei/fine-dining/ya-ge

關東刺參拌紅薏米，搭配白玉鑲金碗。

阿根廷鄉村美味台北上桌 Gaucho 阿根廷炭烤餐廳

來到餐廳門口隔著透明窗門，就可以看到從阿根廷來台的廚師，正在炭火上烤著大塊多汁的肉塊。特殊的磚造烤爐「Parrilla」運自阿根廷，而鮮紅的炭火烤得肉塊香味四溢，火烤煙燻緩緩地飄散開來，為寒冷冬日帶來南美洲香味的暖意。

text 李欣怡 photo 呂剛帆

El Gaucho（高卓人）是「阿根廷牛仔」之意，在阿根廷歷史佔有一席之地，最知名的就是高卓人在美洲獨立戰爭的貢獻。高卓人是印第安和西班牙混血的後代，他們騎著馬在鄉間工作，並起火烤肉來吃，延續至今，在阿根廷幾乎人人都會烤肉，有時候將油桶切一半，架著烤網、起了火，就直接在烤起肉來。

複製美好聚餐時光

Gaucho 阿根廷炭烤餐廳老闆譚慶祥說，在阿根廷中大型的家裡都有烤架，他自己家中也有，

餐廳旁邊就是從阿根廷運過來的烤肉爐，由來自阿根廷的大廚獻上美味烤肉。

譚慶祥同時也經營阿根廷酒的代理，餐廳供應的葡萄酒有近20款。

每到週末就會在家生火烤肉來吃。而在阿根廷鄉間幾乎每個家庭後院都有個專門用餐的地方叫「Quincho」，旁邊設有烤肉爐「Parrilla」，每逢週末主人便招待親朋好友齊聚用餐，大口吃肉、大口喝酒，熱鬧地度過假期！

Gaucho 餐廳內部全由譚慶祥一手負責裝潢，他以阿根廷的「Quincho」為藍圖，牆面貼滿高卓人的小刀、披風、皮帶及牛皮等，還有一張高卓人的合照，餐廳裝潢全從當地帶過來，搭配上原木桌椅，散發著濃濃的鄉村曠野風情。

餐廳旁就是從阿根廷運過來的烤肉爐，整體設計格局跟傳統阿根廷鄉間戶外烤肉區相同。「週末時，會看到烤肉架上滿滿都是肉。」譚慶祥自豪地說。

的確，這裡的餐點份量超大，四人份的炭烤拼盤派對，把雞肉、牛肉及豬肉堆成像座小山，放在同樣來自阿根廷的烤盤上，烤盤下方盛著火紅的炭火，好友相聚時分享品嚐各種口味的烤肉，成為聚會最受歡迎的菜式。阿根廷烤肉是用慢火烤，不同部位的生熟程度不一，有些部位為了讓

炭烤拼盤派對吃得到各式烤肉，大份量的肉塊令人口口滿足。

右／包著滿滿餡料的牛派餅，是阿根廷家鄉菜式。左／瑪黛茶是阿根廷代表飲品，聊天時由大家分著喝。

阿根廷有不少西班牙及義大利的後裔，這裡也提供香濃的義式燉飯。

厚帶骨牛小排肉質軟嫩，帶著淡淡木炭香氣，呈現阿根廷原汁原味的口感。

筋更軟嫩，火烤的時間就要增長，因此譚慶祥建議以七分熟最適宜。

以阿根廷酒佐餐

除了最具代表性的烤肉，看起來像中式料理的阿根廷牛派餅也值得一試。用牛肉、橄欖、葡萄乾做內餡，將餡料包進派皮後，再放到油鍋去炸，跟餐廳附上的手工麵包一樣，麵皮吃起來格外有嚼勁，而且越嚼越香。在譚慶祥阿根廷的家鄉，每天早上起來大家就開始做麵包，是當地的主食之一，因此店內也每天製作新鮮手工麵包，免費提供給客人品嚐。

由於阿根廷有不少西班牙及義大利的後裔，當地料理也多融合這兩國的特色，在餐廳內也提供義大利麵及燉飯。先將飯蒸至五分熟後，再加入蔬菜及阿根廷進口的香料一起拌炒，讓米飯與之充分融合，就是一道義式燉飯。米飯吃起來粒粒分明，不至於太過軟爛，濃濃醬汁在每一口咀嚼時緩緩流出。

餐廳另一大特色就是供應十五到二十款阿根廷葡萄酒，譚慶祥表示，法國葡萄酒橡木桶的味道偏重，掩蓋住果香味，厚實中帶著酸、澀的滋味；阿根廷的酒雖然沒有法國那般厚實，卻是清爽帶著濃郁的果香味。葡萄酒是當地佐餐的重要飲品，再配上阿根廷烤肉，大口吃肉、喝酒是譚慶祥想要呈現的隨興氛圍。這裡端上桌的不只是阿根廷美食，更是熱鬧歡愉的人情味。

Gaucho阿根廷炭烤餐廳
add 台北市中山區玉門街1號（集食行樂廣場）
tel 02-2597-8508
time 平日12:00~14:00、18:00~22:00，假日12:00~22:00，週一公休。
price 炭烤牛排650元起
web www.gaucho.com.tw

上／用餐空間散發著濃濃的鄉村曠野風情。下／葡萄酒是阿根廷重要的佐餐酒，享用大餐時不妨點上一杯。

山海樓入口及玄關處，地面的拼花瓷磚有些小破損，但仍舊美麗。

重現台灣失傳手路菜 山海樓

因為踏入生機產業，在尋訪食材的過程中，
逐漸發覺台灣料理不只有夜市常見的簡單小吃，還有博大精深的一面。
為了保留這些傳統飲食文化，永豐餘用心開設山海樓台菜餐廳，
重現這些耗時費工的手路菜。

text 洪禎璐 photo 呂剛帆

捷運中山站附近，至今仍保有一些日治時期的建築，但是像山海樓所在的這棟如此氣派的私人洋樓屋宅卻屬少見。這棟屋宅建於一九三二年，最初是日本籍醫師的私人住宅，並在戰後轉手他人。

入口及玄關處地面的拼花瓷磚有些小破損，但因現今已找不到同款瓷磚，即使在某些人眼中看來不夠體面，他們還是選擇保留原貌，只以水泥填補破損處。一進門，只見原本的半圓形玄關成了雅致的茶櫃區，上頭陳列十三款台灣有機茶，旁邊還有烘茶機傳出陣陣茶香，為這個空間更添幾許韻味。

上／典雅氣派的用餐空間。中／菜尾湯裡混合了六道菜餚的風味。下／餐廳一角，佈置頗見往日洋樓風華。

復古典雅的氣派用餐空間

這裡的空間用得很奢侈，座位數大約只有其他相同坪數餐廳的一半。進門後，面對櫃檯的右手邊是酒窖，收藏了各種有機葡萄酒及台灣特色酒款，其中最特別的就屬購自嘉義酒廠的高粱酒甕，必須以傳統方式打酒。

再往裡走，來到寬敞的用餐室。印滿白色花瓶圖案的碧藍色壁紙與白色花卉浮雕天花板，營造出典雅氣派的空間氛圍。左、右兩邊各靠牆擺放三組黑色皮質卡座沙發，三方桌、三圓桌，讓空間感更富變化。中間則大方留下空位，只擺放一組橘紅色家居沙發，以營造出家宴氛圍。循著綠色大理石樓梯來到二樓，則有三間佈置風格截然不同，但同樣典雅氣派的包廂，分別可容納十到二十人。

最特別的是，這裡特別添購了一整棵北美香杉，將之裁製成餐桌和地板材料。現今少見的人字形及小正方形拼花木地板，以及三、四〇年代的燈具，還有服務員身上的復古風制服，都是為整體空間增添復古感的要角。

右／山海樓提供的是老總舖師私藏的手路菜。左／天然手作的杏仁豆腐，深受每位來客的喜愛。

山海豪華拼盤，可以一次品嚐山海樓的多種菜餚。

工序複雜的山珍海味

山海樓之名，指的是台灣的山珍海味。台灣有許多精緻手工菜都隱藏在富貴人家裡，可能是主人家太太為了招待客人，或是私人廚師為了取悅老闆，而花費心思製作的料理，最早可回溯到二、三〇年代。為了找回失傳的飲食文化，開始向許多老總舖師及手藝精湛的長輩們學習私藏的手路菜。

上／寬敞的用餐室，美麗壁紙營造出典雅氣派的空間氛圍。下／改建為餐廳的山海樓建於一九三二年，最初是日本籍醫師的私人住宅。

山海樓
add 台北市中山北路二段11巷16號
tel 02-2511-6224
time 11:30~14:30、17:30~22:00。
price 套餐1,980元起
FB 山海樓 手工台菜餐廳

想要一次品嚐多種菜餚，可以點山海豪華拼盤。雙緣佛手是將豬前腿肉去骨，塗上香料按摩數十分鐘後醃漬三天，接著釀入紅麴肉，再放進鍋中蒸熟；人蔘豬心則是將頂級老紅蔘塞入豬心後蒸煮，並得置於藥材中浸泡兩天才算完成；三色蛋中卷看似手法簡單，但關鍵在於用料和比例，所使用的特製鹹鴨蛋、古法製皮蛋和產量稀少的初卵蛋都是精挑細選的食材；達那滷野生鮑則是運用泰雅族香料調味，並以日式手法滷煮而成；甘蔗燻雞使用台灣原生種古早雞，雖然古早雞抗病率佳，但因換肉率低，逐漸被市場淘汰，希望透過這種方式讓古早雞品種繼續傳承。

菜尾湯的做法也很繁複，得先個別煮好五柳枝、海鮮羹、炸排骨、封肉、白蘿蔔排骨、酸菜肚片湯等六道菜餚，再將之混合在一起，以微滾狀態熬煮四小時，且過程中要不斷攪拌以避免燒焦，才能讓這些菜餚的風味完全融合在一起。

嚮往電影《總舖師》裡的精緻台菜世界？來到山海樓，將帶你一窺究竟，並進入更深更奧妙的世界。

隱居巷弄的豐饒滋味 Monsieur L Restaurant

喧囂在拐進富錦街時嘎然止息，
兩旁濃密的樹蓋跨接成一片綠蔭穹頂，
穿透樹梢的陽光為林蔭道渲染沉靜的綠，
在城市的一隅，彷彿仍然有一種選擇是緩慢。

text 廖弘欣 photo 張晉瑞

在綠蔭扶疏的街角，經營一家夢想成真的Bistro，Monsieur L Restaurant 是展現「富錦式」生活美學的餐廳，「我們想要營造的，便是 Fine Dining 的品質，Bistro 的輕鬆自在。」負責人之一 Leo 說道，「我們雖然名義上是義法料理，但其實更像創意料理。」可是別以為創意便是搖搖欲墜的天馬行空，主廚 Cage 呈現的創意料理，更像是在歐陸料理的傳統精神下所做的風土嘗試。

Monsieur L Restaurant 每隔一個半月至兩個月便會推出新菜單，攤開新菜單，當季鮮脆、在地食材登堂入室，「當然會以品質與口感論，不一定會選用台灣食材。可是我覺得台灣本身食材的條件很好，當季既美味、也相對便宜很多。藉由不同產地食材的代換更可以激盪出不同的風味。」Cage 這樣解釋。

傳統精神下的風土嘗試

前菜「胭脂蝦薄片搭配烏魚子、芒果與檸檬醬汁」便是台產芒果與烏魚子和日本胭脂蝦的三重

林蔭道的轉角，一家傳遞美味的Bistro。

氣氛閒適的餐廳一角。

用餐空間充分引進民生社區綠意。

奏。胭脂蝦剖背攤平、細細敲打至薄後冷凍備用，烏魚子片薄以白蘭地煎烤增添焦香，再將胭脂蝦薄片切整後刷上檸檬油醋，再添上鮮美的芒果與水梨塊，烏魚子和西洋芹等鮮蔬點綴，最後再淋上以胭脂蝦頭低溫熬煮的義式自製蝦油。晶瑩剔透又蕩漾著點點潮紅的胭脂蝦正「對時」，輕柔綿密、盈滿夏日的鮮甜，淋上蝦油後更增海潮的豐盈，並在檸檬油醋清爽的酸中，讓鮮脆多汁的水梨、酸甜馥郁的芒果與帶有煙燻鹹香的烏魚子在口中席捲，激盪起熱帶海洋國度的序曲，鹹甜酸、鮮香脆，勾勒出跳躍式的動感層次，「一般的做法是用帕瑪火腿來搭配，這邊我用烏魚子的鹹代替，既可以呼應胭脂蝦的鮮，又可以

前菜胭脂蝦薄片搭配烏魚子、芒果與檸檬醬汁，食材來自台灣和日本。

綠竹筍沙拉搭配炙燒北海道干貝與松露醬汁，豐碩的水分在齒頰間留下一抹清爽。

嫩煎魴魚襯泰式風味檸檬草清湯，交織出纖巧靈動的舌尖旅行。

平衡水果的甜。」Cage解釋道。

如果說胭脂蝦薄片是複合式穿搭法，溫前菜「綠竹筍沙拉搭配炙燒北海道干貝與松露醬汁」便是重點提要式的優雅風情。除了鮮脆盈美的綠竹筍與口感滋味同樣激昂澎湃的干貝外，松露更是讓整道菜更為立體的至要關鍵，Cage以黑松露汁（烹煮黑松露時衍伸的副產品）、松露油、雪莉酒醋與沙拉油等調製出的松露醬汁為綠竹筍與干貝生津的鮮甜包裹濃烈香氣，竹筍的清脆、干貝的鮮美與松露的芬芳組合成立體而飽滿的滋味，豐碩的水分在齒頰間留下一抹清爽。兩樣前菜以滋味與口感的呼應堆疊層次，風味是新，精神卻是義法料理中對層次的一貫苛求，而運用當季與在地食材亦是歐陸料理中，承襲自前人借力使力的智慧結晶，此舉既是創新發想，亦是傳統歸隊。

Cage也以口感的挑動食慾、以自然的鮮甜輕盈舌尖。「嫩煎魴魚襯泰式風味檸檬草清湯」是以魴魚（印章魚）浸泡牛奶去腥裹上蛋液輕煎，待表皮著上一身淡淡的金黃焦香後，注入以魴魚骨

煙燻紐西蘭羊里肌搭配普羅旺斯燉菜與紅酒醬，包裹成高麗菜捲，鎖住肉汁。

香煎鴨胸與炙燒鴨肝佐野莓醬汁，充滿肉食之樂。

燉煮後加入檸檬葉、香茅、萊姆與魚露浸泡的清湯，鋪上燴甜椒增添一席義法鄉村情調，炭烤的大蔥與香茅最後增加田野的香氣。鬆軟的魴魚浸泡過牛奶後更加香滑柔嫩，表皮酥脆焦香更能吸附湯汁，與輕揚酸香的的清湯交織出纖巧靈動的舌尖旅行，「這個湯酸卻不辣，因為我想用泰式的酸香開胃，襯托魴魚的鬆軟而鮮美的肉質。」Cage強調。

口感的層次追求

以豐厚的口感展現食物原味的還有「香煎鴨胸與炙燒鴨肝佐野莓醬汁」及「煙燻紐西蘭羊里肌搭配普羅旺斯燉菜與紅酒醬」。前者選用肉質豐厚的加拿大鴨胸以菱紋劃切鴨皮後朝下香煎、逼出油脂後爐烤，再以鴨肝給予油脂的綿滑，漫溢著煙燻焦香的酥脆鴨皮與帶有鐵鏽般野味的肉汁，碰上了盈滑馥郁的鴨肝，交融成鮮彈飽滿的口腹滿足，肉食之樂莫過於盡情享受咀嚼後肉汁奔放的野，卻不為雜訊所干擾。後者選用紐西蘭小羔羊的肋排去骨捲成菲力，以八角、迷迭香、

上／甜點椰子慕斯搭配鳳梨果醬、焦糖海鹽松子酥與薄荷醬。下／香蕉冰沙、胡桃脆酥、百香果濃汁與起司蛋糕奶油。

Monsieur L Restaurant
add 台北市松山區民生東路四段131巷21號
tel 02-8770-5505
time 11:30~14:30、18:00~22:00。
price 晚間套餐1,680元起
web www.monsieur-l.com.tw

甜點主廚為餐點營造甜美餘韻。

大蒜、橄欖油等醃漬後，與以紅蔥頭、蘑菇碎、白酒醋及鮮奶油炒香打成泥的蘑菇泥一起包裹成高麗菜捲，最後以真空包裝低溫烹煮機烹飪，鎖住肉汁並展現原味調合出的鮮甜飽滿。

甜點「香蕉冰沙、胡桃脆酥、百香果濃汁與起司蛋糕奶油」及「椰子慕斯搭配鳳梨果醬、焦糖海鹽松子酥與薄荷醬」，前者濃郁的香蕉氣息中，以乳酪攪打成的硬奶油狀起司蛋糕對上楓糖炒香的胡桃脆酥，香盈柔滑間，酥脆的口感在跳躍；香蕉冰沙一向清爽簡單，養樂多泡泡卻為它打了個俏麗的結尾。後者以椰子慕斯包裹香草鳳梨醬，鋪墊糖炒松子酥，椰子慕斯盈滑而颯爽，松子酥香甜而脆口，微苦的堅果香氣中，海鹽淡淡的鹹味襯托焦糖的纖雅，為熱帶水果鮮烈的酸甜留下甜美的餘韻。

一整日的辛勞疲憊過後，仍有意猶未盡的滋味，山不在高有仙則靈，好東西不會因店小位置偏遠而被埋沒，反而能專心創造出屬於自己的風味。高水準則是一貫的堅持，此外再無其他。

熟成！牛的花樣年華 B-Cape Steakhouse

熟成牛排一夕進入戰國時期百家爭鳴的狀態，
走進 B-Cape Steakhouse 黑角牛排館，
看看那些年我們一起吃的牛，
到底經歷了什麼樣「轉大人」的歷程。

text 廖弘欣 **photo** 李文欽

美國特級披肩牛排佐鹽之花。油花的腴滑美豐都消融浸潤入肉的每一寸肌理間了。

思泊客SPARKLE HOTEL內，展示著許多自海外拍賣會蒐羅而來的新銳藝術家作品。

簡單來說，熟成牛肉是藉由食物腐化時蛋白質轉化成酵素、釋放風味並崩解纖維的過程，來達到滋味與口感的提升。熟成又可分為濕式熟成與乾式熟成，兩者所仰賴的化學變化基本上是相同的，基礎條件上都必須收藏在趨近零度的冷藏櫃控制溫度，讓血水凝縮在肉裡，才能讓血水裡的養分轉化為美味而不致於真正腐「壞」，只是乾式熟成在條件上還必須要進行濕度控制，因為它是直接曝曬在流動的空氣中。濕式熟成的發酵是一股淡淡的瑪斯卡彭乳酪味，而乾式則偏向乾酪的風味。

熟成的小步舞曲

思泊客 SPARKLE HOTEL 鎮館新店 B-Cape 黑角牛排館甫開幕便以三溫暖爐烤濕式熟成披肩牛排打響第一炮。

所謂的披肩牛排便是取自肋眼上緣一塊俗稱老饕牛排的上蓋肉，扁平覆蓋在肋眼上故而得名。平常吃肋眼在脂肪與筋膜上一塊長條形的便是上蓋肉，因為運動少，所以肉質特別細嫩，一頭牛

香煎時令魚佐奶油青蒜鯷魚醬，是主菜與前菜間的轉承。

可得的份量稀少，自然洛陽紙貴。再用上團隊所研發的三段式三溫暖料理法，先用鐵板燒香煎，再放入四十度的烤箱靜置十分鐘，均勻內外溫差，最後也是風味的最佳演繹，便是一千三百度高溫的 Montague 熟成牛排專用烤爐，瓦斯的均溫火源為牛排表面瞬間著上焦香酥脆的外衣，而內部依舊保有鮮美柔滑的滋味，馥郁噴香。

這樣一塊美國特級披肩牛排，充滿了濕式熟成溫婉優雅的肉香，上蓋肉標榜的油花經熟成完全融入肉中，更將輕柔甜美發揮到最大值；一口咬下，焦脆噴香，柔實鮮嫩的咀嚼中，肉汁所承載如葡萄酒釀造的醇美清甜在口中回甘擴散；沒有了油花的負擔感，滋味更加輕盈，馥郁柔滑挑逗舌尖吟味肆溢的香甜，所以曼妙。

接下來 B-Cape 還將引進附玫瑰鹽磚壁的 Walk In 型（可走入式）乾式熟成櫃，讓牛肉呼吸玫瑰鹽的清香，融匯出更為香甜豐饒的熟成風味，交織出海味+牛味=鮮味的「鮮熟成」，讓人迫不及待想要一嚐乾式熟成版披肩牛排。

纖盈柔美的圓熟滋味

主廚推薦套餐裡除了披肩牛排，其他菜色也各自精彩：精燉海鮮澄清湯佐帝王蟹肉捲，是以迦納魚此款鮮甜無腥味的鯛魚魚骨吊湯與靜置各兩

上／精燉海鮮澄清湯佐帝王蟹肉捲。以迦納魚吊味的澄清湯作工繁複，湯色澄美滋味豐足。下／精緻美麗的餐後甜點。

B-Cape Steak House黑角牛排館
add 台北市信義區信義路五段16號
(思泊客SPARKLE HOTEL地下1樓)
tel 02-2758-8850
time 11:30~14:30、18:00~21:30。
price 精選套餐1,380元起
web www.sparklehotel.com.tw

鮮蒸大明蝦佐海鮮醬汁，鮮美海味，更能輕爽等待熟成牛排的豐盈。

日，爾後再以迦納魚魚肉及蛋白慢火熬煮增添風味並吸附雜質，再經過濾的澄清湯。湯色宛如通透琥珀，滋味卻豐足靈動，甜豆仁、百合、美白菇、西芹絲各有不同的鮮、甜、爽、脆，帝王蟹纖盈甜美。

鮮蒸大明蝦佐海鮮醬汁是以澳洲大明蝦、美國特大綠蘆筍、迷你杏鮑菇、珍珠洋蔥等組合成的小花園，配上主廚特製的海鮮蕃茄醬汁與芝麻葉醬汁來提引海鮮與鮮蔬的自然風情。香煎時令魚佐奶油青蒜鯷魚醬是主菜與前菜間一個小小的轉承，選用當季鮮甜多汁、柔嫩Q彈兼美的印章魚香煎，搭配以青蒜和鯷魚製作出醇美而又奔放率性的奶醬，是爽口的意外驚喜。一系列的海鮮美味，就是要飽饗新鮮當造的鮮美滋味之餘，也能一路輕爽地等待B-Cape版熟成牛排揮別一般牛肉厚重滋味所帶來的，豐盈中的輕盈甘美。

這便是追求熟成滋味的起點，甩開過往沉鬱煩膩的肉食經驗，滋味當如陳釀，自時光中沉澱雜噪，圓熟飽滿的風味裡流露的自是一種輕盈通透，宛如秋歌。

part 4

今晚，台北覓食
微醺美景餘暉下

坐擁天空餘暉、人間燈火，
隱身都市裡的極境祕景，再加上絕妙好味，
五感全被滿足，實是人間至福了。

波光瀲灩河岸上 LA VILLA DANSHUI

以純白方正的外觀佇立在淡水老街區最西側的LA VILLA DANSHUI，一旁緊接河濱木棧道，直到百米外才有另一棟建築，因此可在這裡欣賞開闊的淡水河出海口，以及前方不遠處延伸入海的台北港碼頭，若是坐在戶外，還能望見對岸的觀音山。

text 洪禎璐 **photo** 呂剛帆

從天花板垂吊而下的酒瓶燈與燈飾，為室內增添一股迷離風情。

以大面開窗迎入逐漸西沉的陽光，LA VILLA DANSHUI 在晴朗無雲的日子裡，午後陽光總是熾烈火熱，放下淺色窗簾隔開直射光線後，仍有粼粼波光不時穿透過來，還是能感受到晴日氛圍。在多雲的日子裡，陽光則像跳著舞般忽隱忽現，為室內增添一股迷離風情。

光影下的滋味

最不能錯過的，自然是傍晚時分的日落景觀，以春、秋兩季最容易看到這浪漫夢幻的景色。無論夕陽是否被雲層遮蔽，隨著折射角度不同而變化的雲朵色彩，即是迷人的印象派光影動畫。

上／坐落淡水河出海口，擁有賞景最佳角度。
下／雨天時，海天邊際幾乎融為一體。

窗外的日落光影與桌上燭光相互輝映，氣氛迷人。

若是在雨天造訪，海天邊際朦朧得幾乎融為一體的景色，散發出一股歷經人世滄桑的韻味，輕易就勾起了埋藏內心深處的某些思緒。入夜後，街燈投射而下的光波隨著水流搖蕩，又散發另一種浪漫氛圍。

將目光轉回室內，這裡是交融自然悠閒及簡約時尚風情的空間。純白色的天花板上，黑色電線向四面八方伸展，垂吊下一顆顆傳統黃色燈泡；地板以畫上粗細白線條的水泥地為外圍，圈住了由深淺木板拼貼成的中央木地板，同時以淺色木桌搭配紅、綠、灰、黑、格紋等各色單椅，讓室內空間在沉穩間流洩出輕盈的躍動感。

可在這欣賞開闊的淡水河出海口。

充滿濃郁海味的義式墨魚汁羅昆尼麵。

可愛造型的蘑菇麵包，搭配松露醬及辣味莎莎醬。

走上假日才開放的二樓，迎接人們的是更寬廣的河口風景。從天花板垂吊而下的二十多盞酒瓶燈，讓此處散發一股神祕浪漫氛圍，若是在週末夜晚造訪，還有鋼琴演奏音樂陪伴，正是傾訴情意的好時機。

以美景和美食補足能量

為了有別於淡水老街上的各式小吃與簡餐，LA VILLA DANSHUI 主打精緻義法料理，不僅作工細緻、擺盤精美，也強調食材本身的味道，沒有過於強烈鮮明的調味。

外層沾裹開心果碎粒的低溫爐烤開心果紅酒羊排，使用肉質細嫩的羊肩排，調味清淡卻完全沒有腥羶味，可搭佐岩鹽、夏威夷黑鹽，或紅酒醬、青醬享用，讓滋味更富變化。義式墨魚汁羅昆尼麵是以墨魚汁燴煮粗扁麵，嚐來滿嘴都是濃郁的海味，卻絲毫不膩口。有著可愛造型的蘑菇麵包，口感接近法國麵包，可同時搭配氣味辛香強烈的松露醬及辣味莎莎醬，成熟別致的風味相當討人喜歡。

低溫爐烤開心果紅酒羊排，風味清爽。

上／在LA VILLA DANSHUI可欣賞美麗的夕照。下／夜晚酒瓶燈流洩，散發浪漫的氛圍。

LA VILLA DANSHUI
add 新北市淡水區中正路261號
tel 02-2626-8111
time 11:00~23:00
price 下午茶套餐380元，義大利麵280元起，排餐740元起。

店內料理所用的素材，都是自家從頭開始製作，包括前菜裡的地瓜片、橙片、果凍，以及各式蛋糕甜點。份量豐盛的下午茶套餐，可從菜單上的巧克力布朗尼、杏仁香草蛋糕等十種甜點，以及當日特製甜點中，任選三樣，再搭配一杯飲料，並附上手工餅乾和法式軟糖。若是想要兩個人一起享用，只要再多點一杯飲料即可。

坐在風景宜人的淡水河畔，看著天空雲彩及水面波光隨著太陽的移動而變換風貌，讓人不知不覺就放空，發起呆來了。雖然什麼事也沒多想，但這樣安靜度過的時光，就足以為人補滿再出發的能量了。

上／份量豐富的下午茶套餐。中／美味前菜的擺盤十分精緻。下／下午茶套餐再搭配一杯飲料。

掬起滿天星斗 Zest 35 甜橙風味

從山上眺望城市夜景，
大多像是欣賞倒映在湖水裡的點點星光般，帶點迷濛美感。
而在Zest 35甜橙風味所看到的，
則彷彿在空氣清新的深山裡仰望到的滿天星斗般，近得似乎伸手可及。

text 洪禎璐 **photo** 周治平

站在Zest 35的入口，前方景色被綠樹遮擋住，不知接下來會看到什麼風景，直到轉過彎處，循階梯往下，才看到豁然開朗的台北盆地景觀。往前望去，是沿中山北路往南延伸，直至烘爐地的展望視野，台北一〇一佇立在左側伸入盆地的兩條綠色山脈後方，關渡平原在右側隱約可見，幾乎將台北市最繁華的地區囊括在內。

天色隨日落黃昏而變化，最後披上黑幕，下方城市裡的燈光一閃一閃地逐一點亮，直到日光完全消逝後，墨綠山色懷抱璀璨的城市華燈，小心翼翼地保護著。

坐擁都會華光

Zest 35沿山崖打造露天木棧平台，並以強化玻璃取代欄杆，不讓欄杆的線條阻礙了往下看的視線；座位區以玻璃圓桌搭配休閒躺椅，讓來客可舒適放鬆地欣賞眼前的景色。

木棧平台後方的百年龍眼樹旁，有兩間半層樓高的包廂，裡頭設置正對景觀的環形沙發椅和矮桌，是最推薦的賞景位置，雖然龍眼樹會擋去側

法式香煎燻鴨佐肉桂紅蘋，燻鴨薄片與蘋果醬的搭配天衣無縫。

邊景觀，卻另有一番曖昧風情。

踏入主建築物，霸氣的環形吧檯佔據正中央的位置，讓人無法忽視它的存在。這裡以落地窗迎進外頭的景觀，座位區卻是隔著吧檯靠牆擺放，這是特別為喜歡窩在角落享受私密空間的來客所設計的。

上／主建築物中央是霸氣的環形吧檯。下／室內座位靠牆擺放，特別為喜歡私密感的來客準備。

在Zest 35可以近距離擁抱台北的夜景。

搭配蘑菇燴煮的金桔燒汁嫩牛肩里，有著溫和的鹹甜風味，

口味較清淡的焗蛋，用來搭配酸辣的泰汁焗雞丁。

水果入菜的美味

這裡的調味大多用水果來熬煮醬汁，尤其是柑橘類水果，這也是中文店名取為「甜橙風味」的原因。除此之外，餐點裡使用的香草是自家栽種的，甚至燻鴨、燻雞等費時費工的料理也都是自家製作。

Zest 35的料理含括中西，其中特別希望能將中式大菜小吃化，讓它更平易近人，也會使用一些山下較少見的食材，例如脆炒碧玉筍就是使用百合花的嫩梗，纖維紋理看來像是青蔥，但嚐來口感清脆。

金桔燒汁嫩牛肩里搭配蘑菇一起燴煮，雖有金桔汁，但酸味不明顯，是溫和的鹹甜風味。泰汁焗雞丁則有鮮明的酸辣滋味，可搭配口味較清淡的焗蛋一起享用，風味更多變化。

法式香煎燻鴨佐肉桂紅蘋是西式套餐的前菜選擇之一，鹹香柔軟的燻鴨薄片搭佐紅酒熬煮的香甜蘋果醬，真是天生一對。義大利奶油海鮮襯北海道鮭魚卵燉飯裡，豪邁地使用大量鮭魚卵以及多種海鮮，軟綿的燉飯裡有丁狀蔬果增加爽脆口感，變化多端的風味令人迷戀。

Zest 35的地址在中山北路七段上，但開車可抵達的出入口在東山路二十五巷八十一弄，若從中山北路七段前往，必須沿天母水管路步道走八百公尺的上坡。若想要在用餐前先散步運動一下，或是體驗尋找祕境餐廳的感覺，不妨一試。辛苦走上山後看到的夜景、品嚐到的美食，會讓人更加感動呢。

Zest 35 甜橙風味
add 台北市中山北路七段232巷1弄72號
（需由台北市東山路25巷81弄進入）
tel 02-2862-0588
time 週一至週四17:15~03:00、
週五17:15~04:00、週六16:15~04:00、
週日16:15~03:00。
price 低消200元
FB Zest35 甜橙 風味 休閒景觀餐廳

義大利奶油海鮮襯北海道鮭魚卵燉飯，有大量鮭魚卵及多樣海鮮。

駐足塵囂祕境 少帥禪園

隱身於北投的幽靜山林中，以和風禪意的庭園風格，矗立在眺望觀音山的一側，靜謐中帶點古意的門口，掛著一塊小小招牌，少帥禪園這處宛如電影場景的建築曾是張學良的幽禁故居，歷史的痕跡讓空氣中瀰漫著一絲淡淡的感傷，點綴著今日與過去。

text 謝沅真 photo 周治平

上／宛如電影場景的和風建築，曾是張學良的幽禁故居。下／室內空間裡飄逸著雅致的氛圍。

走入少帥禪園的門口，迎面而來的是一片鬱鬱蔥蔥的樹蔭，沿著木梯拾階而下，遼闊無邊的關渡平原與山明水秀的觀音山隨即映入眼簾。午後，一片嫣紅的夕陽灑落在山景上，像顆燃燒炙熱的心，璀璨得不可逼視。夜晚，台北燈火閃爍的夜空，迴盪於禪園與樹蔭間，在靜謐的氣氛中，仍可感受到一陣寂寥與憂傷的氣息，宛如歷史的一刻重現在眼前。

在巨大榕樹庇蔭下，繁華塵囂的台北市還有一處寧靜的祕境，啜飲一口好茶，品嚐美食，泡個湯，讓歷史的塵埃隨時間流逝而去。

在這裡可以飽覽遼闊的關渡平原與觀音山。

蘊含歷史的菜譜

少帥禪園建於一九二一年，是當時位在北投溫泉區頗具盛名的「新高旅社」，許多紳士名流喜愛飲宴泡湯的地方；日治時代晚期曾被日本軍方徵用，作為「神風特攻隊」出戰前夕的慰安住處，是年輕隊員們在飛向生命終點前夕的狂歡場所；直至一九六〇年代，少帥張學良與其夫人因堅決抗日發動西安事變後，被長期幽禁於此，歷史的造化使少帥禪園總是瀰漫著一股新舊交錯的哀愁。

為了呼應餐廳的歷史背景，少帥禪園所提供的餐點是以張學良少帥平日飲食習慣作為藍本，鑽研出「張式料理菜譜」。張學良被軟禁隱居五十多年，生活飲食習慣和其個性一般灑脫，各式山珍美味皆不忌口，依然長命百歲。因此，少帥禪園將張學良的「百歲飲食密碼」融入菜色，嚴選當季新鮮食材，配合大廚的烹調創意，每一道菜不僅養生美味，且融合一段歷史背景故事，讓用餐的客人在品嚐美食之餘，也能吃出張少帥的瀟灑風情。

餐廳內部以和風禪意的庭園風格打造而成。

上／少帥禪園隱身在北投的幽靜山林裡。下／龍膽石斑魚以清蒸的方式烹調，口感細緻。

張學良百年飲食祕笈

「大帥府傳套餐」主要精神來自於張作霖大帥與張學良將軍在重要宴客或大型宴會時的菜單為主，突顯了張氏父子對於美食的講究。

套餐裡的「大帥黃花魚」，是張作霖大帥與壽夫人最喜愛的一道菜餚，也是餐廳內的招牌菜色，以肉骨分離的方式烹調，並加入紅燒黃魚的傳統作法，用酥炸、紅燒、原味三種不同方式烹調，讓人一次品嚐到三種風情的黃魚，體驗不同層次的味覺饗宴。

來自張學良愛妻趙四小姐的私房廚藝祕方的「四小姐燉獅頭」，以純豬肉細切粗剁的方式，保有肉質筋性，豐富肉質Q彈的口感；再以水煮的方式，搭配青木瓜燉製而成，跳脫傳統獅子頭酥炸的作法，嚐起來滋味特別清新，毫不膩口。

「伙房養生飯」則是張學良難以忘懷家鄉風情的米食料理，採用野米為主要食材，用米與雜糧混合的概念，作為搭配菜餚的米飯，紮實米心的口感，嚼起來意猶未盡，滿足現代人健康養生的觀念。

大帥黃花魚以三種不同方式烹調，有不同層次的美味。

霸王豪宴蝦，是愛吃蝦的張氏父子宴客的常見佳餚。

四小姐燉獅頭，肉質Q彈，清新不膩口。

漢卿趙四玫瑰醋飲，酸甜中帶有玫瑰花香。

以一段幽靜之旅，在禪園內留下歷史駐足的一刻。

店內料理所使用的食材，都是由大廚們根據季節時令，挑選出最適合當季食用的素材，因此在不同的季節裡造訪少帥禪園，皆能品味多樣風味的季節料理，以及歷史殘留的風情。

坐在充滿禪意的庭園餐廳，欣賞風景宜人的觀音山，看著如畫布般的夕陽餘暉照耀在山頂，在心靈與自然相互交融下，體驗一段洗滌身心的幽靜之旅，編織一段美麗回憶，讓自己也在禪園內留下歷史駐足的一刻。

門口掛著一塊小小招牌，靜謐中帶點古意。

少帥禪園
add 台北市北投區幽雅路34號
tel 02-2893-5336
time 12:00~14:00、18:00~21:00。
price 套餐1,500元起
web www.sgarden.com.tw

賞味陽明山 山頂餐廳

曾是隱密別墅的山頂餐廳，雖然鄰近文化大學，但因地勢略高於路面，又以雙層綠樹將道路隔絕於外，得以享有一片幽靜天地。庭院裡的主角是在冬春之際輪流綻放的山櫻花、吉野櫻和八重櫻，在盛開時節裡一樹獨秀，成為全場焦點。

text 洪禎璐 **photo** 周治平

拾階而上，來到山頂餐廳，店內以大面開窗和天窗引入光線及庭園綠意，側邊還有玻璃屋包廂，將緊鄰山壁的環境展露無遺。牆上懸掛著一幅幅由新銳插畫家張簡士揚繪製的廚師與食材新意古風畫作，讓店內洋溢一股活潑氣息。

山頂餐廳以江浙菜聞名，但也曾因為年輕人不懂得吃這些老菜，而改做時下常見的菜色。不過，在老顧客們的熱烈反應下，山頂餐廳再度調整回原來的菜單，除了主打上海菜，也在菜單上下工夫，以料理照片搭配淺顯易懂的說明及典故，期望帶年輕人多認識這些經典老菜。

曾是隱密別墅的山頂餐廳，享有一片幽靜天地。

金沙蝦球搭配美乃滋醬，嚐來香嫩不油膩。

室內空間設計帶有時尚的上海風情。

新銳插畫家張簡士揚繪製。

新舊菜色皆令人驚豔

山頂餐廳雖以供應經典老菜為主，烹煮手法卻獨樹一格，就像四川菜重視醬汁，上海菜吃的是「火」，火候的掌控技巧非常重要，最常見的手法是燴、煨、燜、糟、煸等。為了做出每道料理的最佳口感，以及前、中、後段的豐富層次，每道料理的烹煮工序皆受嚴格把關，絕不偷工。此外，也推出許多融入台灣味或西餐食材的創新菜色，同樣講究工序，也都是精彩傑作。

看似常見的金沙蝦球，以絕妙的油溫及時間掌控，讓鹹鴨蛋黃均勻分布在炸蝦球上，搭佐美乃滋醬，嚐來鹹香嫩又Q彈，完全不油膩。左宗棠辣雞特別選用去骨雞腿肉，以絕佳火候炸至外層乾酥、內部肉質溼潤軟嫩，再與各式調味料一起拌炒，並加入道地鎮江醋，讓口味多點酸甜，少

在餐廳裡能品嚐到各種巧克力及各式蛋糕。

左宗棠辣雞，嚐來是偏酸甜的滋味。

些嗆辣。

神仙醬拌花枝的精髓，在於以沙茶醬加胡麻、堅果等材料調製而成的神仙醬，曾獲得美食比賽的冠軍。神仙醬可說是萬能醬汁，什麼菜餚都可以搭配，在店裡則是搭配口感類似鮑魚的花枝薄片，微脆的口感加上香滑的醬汁，嚐來十分順口。魚子醬糖心蛋則是使用以茶葉與台米煙燻製成的糖心鴨蛋，搭配嫩薑片及魚子醬，獨特的鮮香組合值得一試。

清甜的無毒蔬菜

店內的時令蔬菜，則是由桃園的福隆農場所供應，皆是栽種在溫室，使用小麥草根堆肥的無毒蔬菜，嚐來完全沒有草的生澀味，十分清甜。

山頂餐廳還有自創的品台灣手作甜品，代表作是結合台灣常見辛香料的雞爪造型巧克力、模擬法式甜點造型及口味的巧克力等，還有各種巧克力蛋糕，都能在餐廳裡品嚐到。

山頂餐廳讓人體會到「吃得巧」的真義，精妙絕倫的口感讓人一吃就上癮，始終念念不忘。

神仙醬拌花枝，香滑的醬汁包裹著微脆的口感。

山頂餐廳
add 台北市士林區格致路124號
tel 02-2862-2358
time 11:00~22:00
price 平均消費約500元
web www.peakcafe.com.tw

魚子醬與糖心鴨蛋的組合十分獨特。

烏布髒鴨腿佐印尼風味手抓飯套餐，有峇里島道地風情。

漫步餘暉中 水灣BALI景觀餐廳

來到八里觀海大道的轉角，一幢有著波浪流線屋頂、牆面交織不規則鏤空菱形線條的白色鋼構建築相當引人注目。拾階而上來到二樓，純白色的峇里島市集風景石雕牆，靜謐地迎接來客。

text 洪禎璐 photo 呂剛帆

這棟由水灣餐廳打造的獨棟景觀建築，佇立在淡水河左岸，為了讓來客欣賞到開闊、無阻礙的河岸景觀，特別將餐廳位置設在二樓。一樓的前段則作為商店街，有不少可愛的品牌進駐。

向前望去，可見藍色河水緩緩向西流動，偶有岸邊的黃色泥沙為水色添上層次，對岸的淡水街區佇立在山勢平緩的青山前，後方有寬闊的蔚藍天空。由於角度關係，這裡無法直接看到夕陽西沉的景致，然而在餘暉裡逐漸點亮燈光的淡水街區，別有一番清新柔媚氣質。

舉辦婚宴時的氣派主桌搭配藤編椅，十分富有情調。

宛若置身私人VILLA

走進水灣 BALI 景觀餐廳，走道右側立著一座座茅草屋頂發呆亭及日式格柵涼亭，享有最直接的水岸景觀。其中小茅草亭的ㄇ形座位上，疊放許多色彩濃郁的峇里島風靠枕，讓人宛若置身在私人 Villa 裡享受這片美景。涼亭區沒有裝設空調，夏日以電扇加速自然風的流動，冬日則備有暖爐及毛毯，可舒適享受當季的風之氣息。

左側的室內用餐則以白木桌搭配淺色籐編椅，綴以片片由天花板垂吊而下的橘紅紗幔。北邊以整面落地窗迎接河景，南邊面向街區的玻璃窗則加上了峇里島花草紋鏤空石雕裝飾，為室內投入曖昧繁複的光線。

餐廳的擺飾有異國風情。

上／許多新人在浪漫的水之心海景堂立下誓約。中／茅草涼亭座位可以享受最直接的水岸景觀。下／可愛的店內裝飾品增添活潑氣息。

Gado Gado水明漾舞沙拉，味道十分清爽。

此外，在餐廳的中央區塊，特別設置了露天草坪及無邊際水池區，讓來客可以躺在懶骨頭沙發上享受慵懶的午後時光。每到夜晚，水池邊會點上火把，還有歌手站在玻璃舞台上演唱，映襯著後方的淡水街區夜景，十分浪漫。在草坪區後方，隔著落地玻璃窗，可清楚看見開放式廚房的一舉一動，展現了店家對餐飲潔淨品質的自信。

峇里島南洋風味

水灣 BALI 景觀餐廳供應峇里島道地風味料理

水灣BALI景觀餐廳
add 新北市八里區觀海大道39號
tel 02-2619-5258
time 週一至週五11:30~22:00，週六至週日11:00~23:00。
price 每人低消350元，套餐880元起。
web www.waterfront.com.tw

金巴蘭私藏熱火舞串燒，氣勢相當驚人。

及西式餐點。最具代表性的就是烏布髒鴨腿佐印尼風味手抓飯套餐，髒鴨腿是以峇里島香料醃漬入味後，再下鍋炸煎，嚐來鹹香，外酥內多汁，正適合搭配融入香料薑黃汁的印尼手抓飯，也可搭佐辣味的南洋莎莎小菜。

氣勢驚人的金巴蘭私藏熱火舞串燒，有大尺寸的海鮮雞肉甜椒串、杏鮑菇黃瓜串及鳳梨串，除了鳳梨外，其他食材都塗上南洋風味醬調味，香氣逼人，且因為是大塊尺寸，嚐來特別多汁。

Gado Gado水明漾舞沙拉，以當季水果搭配蘿蔓、櫻桃蘿蔔、水牛葉等生菜，灑上蒜味花生，在清爽間帶有一股熟悉的樸實風味。

除此之外，外皮酥脆、肉質富含膠質的努沙都瓦燒烤脆皮大豬腳，保留豐富肉汁的低溫煎厚切豬排輕烤香料巴特等，也都是推薦料理。

向晚，微風迎面吹來，雲朵隨著夕陽餘暉變幻色彩，如此斑斕，而對岸的淡水街區也不甘示弱地點上盞盞輕盈燈光，看著這幅美景，感覺今晚會做個好夢呢。

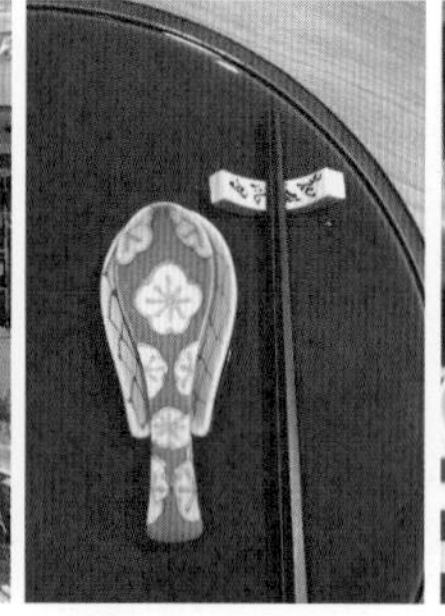

【索引】沿著捷運嚐美味

ibuki by TAKAGI KAZUO →P.64
add 台北市大安區敦化南路二段201號7樓
（香格里拉台北遠東國際大飯店）
tel 02-7711-2080
time 11:30~14:30、18:00~21:30。

松山機場站
Monsieur L Restaurant →P.154
add 台北市松山區民生東路四段131巷21號
tel 02-8770-5505
time 11:30~14:30、18:00~22:00。

【松山線】

台北小巨蛋站
富錦樹台菜香檳 →P.122
add 台北市敦化北路199巷17號1樓
tel 02-8712-8770
time 12:00~14:00、18:00-22:00。
雅閣 →P.140
add 台北市敦化北路158號3樓（台北文華東方）
tel 02-2715-6788
time 12:00~15:00、18:00~22:00。

【捷運轉乘其他交通工具】

Taverna De'Medici 梅帝騎小酒館 →P.110
鄰近捷運站：南京三民站轉乘三民路上公車
add 台北市松山區民生東路五段237號
tel 02-2760-0091
time 11:30~23:00
LA VILLA DANSHUI →P.166
鄰近捷運站：淡水站轉乘公車
add 新北市淡水區中正路261號
tel 02-2626-8111
time 11:00~23:00
Zest 35 甜橙風味 →P.172
鄰近捷運站：明德站、芝山站轉乘計程車
add 台北市中山北路七段232巷1弄72號
（需由台北市東山路25巷81弄進入）
tel 02-2862-0588
time 週一至週四17:15~03:00、週五17:15~04:00、
週六16:15~04:00、週日16:15~03:00。
少帥禪園 →P.176
鄰近捷運站：新北投站轉乘公車
add 台北市北投區幽雅路34號
tel 02-2893-5336
time 12:00~14:00、18:00~21:00。
山頂餐廳 →P.182
鄰近捷運站：士林站轉乘公車
add 台北市士林區格致路124號
tel 02-2862-2358
time 11:00~22:00
水灣BALI景觀餐廳 →P.186
鄰近捷運站：淡水站轉乘開往八里渡船碼頭的渡船
add 新北市八里區觀海大道39號
tel 02-2619-5258
time 週一至週五11:30~22:00，週六至週日11:00~23:00。

【淡水線】

中正紀念堂站
香色 →P.92
add 台北市中正區湖口街1-2號
tel 02-2358-1819
time 11:30~14:30、18:00~22:00，
週六、日及國定假日下午茶15:00~17:30，週一公休。

中山站
鐵板懷石 染乃井 →P.80
add 台北市中山區南京東路一段31巷6號1樓
tel 02-2521-5860
time 11:30~14:00、18:00~22:00。
山海樓 →P.150
add 台北市中山北路二段11巷16號
tel 02-2511-6224
time 11:30~14:30、17:30~22:00。

圓山站
Gaucho阿根廷炭烤餐廳 →P.146
add 台北市中山區玉門街1號（集食行樂廣場）
tel 02-2597-8508
time 平日12:00~14:00、18:00~22:00，
假日12:00~22:00，週一公休。

劍潭站
讚鐵板燒 →P.84
add 台北市士林區承德路四段192-1號B1
tel 02-2880-1880
time 11:30~14:00、17:30~22:00。

芝山站
鳥哲燒物專門店 →P.14
add 台北市士林區福華路128巷12號
tel 02-2831-0166
time 18:00~00:00
私宅手作鍋料理 →P.60
add 台北市士林區福華路128巷6號
tel 02-2831-9707
time 11:30~21:30

【新蘆線】

大橋頭站
知貳茶館 →P.130
add 台北市大同區迪化街一段356-2號
tel 02-2557-9935
time 11:30~21:00，每週一公休。

【文湖線】

六張犁站
咬學問 Biteology →P.32
add 台北市敦化南路二段172巷8弄9號
tel 02-2732-8887
time 週一至週六12:00~14:00，18:00~21:00。

今晚，台北覓食：

小酒館・居酒屋・創意台菜・歐陸美饌・佐餐美景…下班後的暖心滋味

作者 TRAVELER Luxe 旅人誌 編輯室
副總編輯 郭燕如
責任編輯・副主編 黃郡怡
執行編輯 許利琪
封面&版面設計 周慧文
美術設計 徐昱
特約美術設計 洪玉玲
行銷企劃主任 呂妙君
行銷企劃專員 王逢豫

發行人 何飛鵬
生活旅遊事業總經理兼墨刻社長 李淑霞
出版公司 墨刻出版有限公司
地址 台北市104民生東路二段141號9樓
電話 886-2-2500-7008
傳真 886-2-2500-7796
E-mail mook_service@hmg.com.tw
網址 www2.mook.com.tw/wp
旅人誌 Blog itraveler.pixnet.net/blog
旅人誌粉絲團 www.facebook.com/travelerluxe

發行公司 英屬蓋曼群島商家庭傳媒股份有限公司城邦分公司
城邦讀書花園 www.cite.com.tw
劃撥 19863813
戶名 書虫股份有限公司
香港發行所 城邦（香港）出版集團有限公司
地址 香港灣仔駱克道193號東超商業中心1樓
電話 852-2508-6231
傳真 852-2578-9337

經銷商 農學股份有限公司（電話：886-2-2917-8022）
製版 藝樺彩色製版股份有限公司
印刷 科樂印刷事業股份有限公司
ISBN 978-986-289-248-0
城邦書號 KB3030

初版2016年1月　定價300元・HK$100

國家圖書館出版品預行編目資料

今晚，台北覓食：小酒館・居酒屋・創意台菜・歐陸美饌・佐餐美景…下班後的暖心滋味
TRAVELER Luxe 旅人誌 編輯室──初版

台北市：墨刻出版：家庭傳媒城邦分公司發行，2016.01
192 面　；16.8*23 公分── Let's OFF：KB3030
ISBN 978-986-289-248-0（平裝）
1. 餐廳 2. 餐飲業 3. 臺北市
483.8　　　　104028184